PLANTES DE BEAUTÉ

大自然的精神

对于我们普罗众生而言，世俗的生活处处显示出作为人的局限，我们无法逃脱不由自主的人类中心论，确实如此。而事实上，人类的历史精彩纷呈，仿佛层层的套娃一般，一个个故事和个体的命运都隐藏在家族传奇或集体的冒险之中，尔后，又通通被历史统揽。无论悲剧，抑或喜剧，无论庄严高尚、决定命运的大事，抑或无足轻重的琐碎小事，所有的生命相遇交叠，共同编织“人类群星闪耀时”的锦缎，绘就丰富、绚丽的人类史画卷。

当然，这一切都植根于大自然之中，人类也是自然中不可或缺的一部分。因此，每当我们提及“自然”，就“自然而然”地要谈论人类与植物、动物以及环境的关系。在这个意义上说，最微小的昆虫也值得书写它自己的篇章，最不起眼的植物也可以铺陈它那讲不完的故事。因之投以关注，当一回不速之客，闯入它们的世界，俯身细心观察，侧耳倾听，那真是莫大的幸福。对于好奇求知的人来说，每样自然之物就如同一个宝盒，其中隐藏着无穷的宝藏。打开它，欣赏它，完毕，再小心翼翼地扣上盒盖儿，踮着脚尖，走向下一个宝盒。

“植物文化”系列正是因此而生，冀与所有乐于学习新知的朋友们共享智识的盛宴。

塞尔日 · 沙

美容植物

［法］尚塔尔·德尔芬　埃里克·吉东　著

丁若汀　译

生活·讀書·新知三联书店

目 录

序言

镜子，我美丽的镜子……

我们所有人从童年开始就知道，《白雪公主》里的王后在魔镜前的这句咒语，王后让镜子一遍又一遍地告诉自己，她就是世界上最美的女人。在童话的记忆背后，便是整个人类从童年开始就一直关心的两个问题：保持青春和充满魅力。充满吸引力！这个指令表达了一种需求，它既源自物种生存的需要，也源自对权力的追求和自我欣赏。

我不禁想到新石器时代的这些女性（和男性），他们利用周围环境提供的资源，来改善自身外表的缺陷，或是弥补艰苦生活带来的损失。那时没有可以照见自己的镜子，只有他人的眼光能提供评价或带来满足感。自然而然地有了双重需求：一是吸引他人，因为尽管充满智慧，人类首先是一种生物，物种的延续与繁衍行为息息相关，而首先要让对方喜欢才能共同抚育后代；二是美容，因为不管是小的伤痛还是大的疾病，都会损毁容貌，而使容貌恢复往日的样子，也是身体健康的表现。在我看来，尽管时隔数千年，在这个星球上，人们的忧虑始终是一样的，都是有些以自我为中心的。

这个贯穿历史长河的对容貌的忧虑还有另外一个层面：美也是一种权力。不，我不是指一个美貌的女子在男子身上产生的力量（虽然事实确实如此），我指的是对人类群体而言的力量。时至今日，我们的政治还在寻求这种力量。早在古埃及，法老们就已经把自己打扮得无可挑剔。古希腊、古罗马的权贵及统治者也效仿了他们的做法。从中世纪到现在，尽管教会在一些时期曾颁布禁令，但人健康的外表、干净的皮肤和光洁的头发，都是获得成功的重要因素。要想走到台前并保持自己的位置，就需要完美的外表。我们的现代社会是形象和交流的社会，这一点就更为明显了。

而且需要承认的是，我们能从中获得满足感。对于提高对自身的评价和提升自信而言，有着健康的体魄、美丽的头发、光洁的肌肤和整洁的牙齿都是至关重要的。

我们向大自然索取这项服务，植物展现出了了不起的功效。它们具备各种性能，我们总能在家门口丰富的植物中找到我们所需要的。看看这株车前草，它虽长在我们天天走过的夯实场地的空间和沙砾路的旁边，然而，它就是我们想要治疗蜇伤、小小的创伤或者让皮肤柔嫩的最好不过的植物。没有什么比它更好的材料了。任何软膏都不敢说自己的效果更好！看看那些富含油脂、维生素和抗氧化成分的种子和坚果吧。简单的机械压榨，便可从中获取美妙的原浆，它能有效地使我们的肌肤柔嫩、紧致而滋润。

采摘、搜集、收割，然后研磨、捣碎、压榨、蒸馏，我们可以从这些美容植物中获取大量的材料。我再说一句，好让你们先睹为快：这本书是让你们拥有好气色（mine，法语是“气色”和“宝库”的意思，它们为同一个单词，此处为一个文字游戏。——译注）的宝藏！

尚塔尔·德尔芬　埃里克·吉东

四千年的美容史

古代的美容品

古埃及及其仪式

我们所知的关于使用美容品的证据，最早可追溯至古埃及。在第一王朝（公元前3200—前2850）的墓葬中，人们找到了记载美容品的莎草纸（又称纸莎草），以及装有油膏、脂粉和香水的小罐子。美容品在古埃及的社会生活中扮演了重要的角色，它不仅用于修饰容颜，同时还可用于治疗，含有象征的、仪式的乃至神圣的意义。男人和女人每天都会使用油膏和带有香气的植物油，它们是从芳香植物（迷迭香、百里香等）里提炼而来的，可以防止人的皮肤因埃及干热的气候而过于干燥和过早衰老。众多的节日、祭神的仪式和丧葬习俗——最富有的人用防腐香料保存尸体，最穷的人任尸体在沙漠中脱水干化——使得古埃及人成了使用香料和美容品的大师。《埃伯斯纸莎草书》——它于1862年被艾德文·史密斯（Edwin Smith）在卢克索发现，后被德国的埃及学家格奥尔格·莫里茨·埃伯斯（Georg Moritz Ebers）购买并翻译——记录了不少融合了美容术与医学的案例。这份文件大约完成于公元前1550年，其中记录了染发、美白和修饰身体的各种配方。

《埃伯斯纸莎草书》记载了超过七百种物质，以植物为主。它还记录了一系列千奇百怪的东西，比如雕塑上的灰尘、猪的眼睛、圣甲虫的外壳，甚至是木乃伊的粉末——这个具有异域风情的材料，直到中世纪欧洲仍在使用。

洗浴、净化仪式和最初的护肤

大多数古埃及人在尼罗河、运河或者水塘内洗浴。只有精英阶层才有能力在家中配备浴缸。那时候没有肥皂，人们使用 natron 洗澡，这是一种白色的物质，通过蒸发部分富含碳酸钠的湖水而得到。人们也通过混合草木灰和一种名叫 souabou 的黏土来制造液体肥皂，它可以防止皮肤干燥。

洗澡之后，人们会使用净发剂，由植物油或河马甚至鳄鱼脂肪制成的、含有芳香植物（玫瑰、鸢尾花粉末、莲花）提取物的护肤油膏，以及树脂胶，后者有三个功能：使身体散发芳香，固定气味，并且因其富含抗氧化剂而能避免身体产生酸臭味。

古埃及的女性会化妆，她们在脸上涂抹石膏粉，石膏粉内添加有来源于矿物或植物的不同颜料：藏红花的黄色、红花的粉色、紫朱草的红色。在同一时期，也就是公元前 2000 年左右，美索不达米亚平原的居民和古埃及人一样，也使用加入了百里香、没药和除虫菊的各类油膏或油，它们既有美容功效，也可作为药物使用。

正如其他古代民族一样，在古埃及，男性和女性同样在乎对身体的护理。男性会刮去脸上的胡须和汗毛，以便粘贴假胡子。

地中海的西部

就像其他的知识和技术一样，美容品制作技术在地中海世界广泛传播。古希腊地处各文明的交会处，继承了古埃及、美索不达米亚

古罗马人也同样重视护肤和化妆。不过也许是因为他们掌握了引水和分流的技术，他们普及浴室的使用，并使之成了社会身份的象征。

和东方的美容品，并使这门艺术发扬光大，尤其是制香术。古希腊人在宗教领域使用香料，并赋予了它们魔力，同时也在医药和美容领域使用它们。古希腊的调香师采用百合花、墨角兰或玫瑰来调制带有香味的、可涂抹在身体或头发上的油。在古希腊，尤其是雅典和斯巴达，最初只有风尘女子会涂脂抹粉，而地位尊贵的妇女则不能如此。

古希腊和古罗马的洗浴：白了还要更白

首先要有一个干净、清爽和柔软的肌肤：在古代，所有人都会泡澡。古罗马人继承了古希腊人的洗浴传统，使用公共浴室（*therme*），不分阶级，并且价格便宜。罗马人带来的技术进步惠及所有人，公共浴室是社会生活的重要场所，同时向男性和女性开放，尽管他们使用不同的区域。被称作 *unctore* 的专门技师，采用带有香味的杏仁油或者橄榄油为顾客涂抹与按摩。浴室散发着墨角兰、杜松和没药的香味。有钱人家的女性可以在自己的宅邸中享受私人洗浴，并且拥有 *cosmetae*，即专门制作美容品、理发并安排洗浴的奴隶。最绝的自然要数著名的驴奶浴了，它的流行据说是因为

ÉTABLISSEMENT DE LAIT D'ANESSE
8, Montée Saint-Laurent, à la QUARANTAINE
RENARD
FOURNISSEUR DE L'HOTEL-DIEU
cation en Ville et à la Campagne
LAIT — Le demi-litre : 1 fr. 25 — La tasse : 1 franc
BUREAUX A LYON
lecour, 26 — Rue Puits-Gaillot, 25 — Cours Morand, 11
CHEZ LE CONCIERGE
Imp. Bouchet, 26, pl. Bellecour, Lyon.

1.25 法郎半升驴奶，克里奥帕特拉的驴奶浴可不便宜！不过为了您的美貌，什么都不为过！

尼禄的情人和第二任妻子波佩亚，也有一种说法是因为克里奥帕特拉。克里奥帕特拉通过驴奶浴而使自己的皮肤细腻，因此养了数百头母驴。至于面部保养，人们倾向于使用面膜，一种由蚕豆粉或米粉以及浸泡了驴奶的软面包调和成的糊。古罗马人的审美使得白皙的皮肤成了美的唯一准则。自罗马帝国初期开始，护肤与美容参照了古希腊的标准，但是更加强调白皙的面庞，这似乎成了富有并闲适的女性的首要关心对象，并且它以不同的形式延续至后来的几个世纪。

他们继承了古希腊人的洗浴文化。作为技术及其实际运用的艄公，古希腊人其实是从中东地区带回的这些东西。

美之利比亚

古罗马诗人奥维德（公元前43—公元17）在《爱的艺术》一书中提到了改善肤质的各种配方。在他看来，取悦别人是一门学问。他记录了各类用于祛除脸上的斑纹或是疙瘩的软膏，我们今天依旧认可这些软膏所使用的谷物或豆科植物具有使皮肤柔嫩和滋润的功能。“您现在就来学习一下，如何在一觉过后，让您的脸蛋洁白光亮吧。把我们船只上从利比亚田间带来的大麦的麦秆和外壳去掉，取两斤（在古罗马时期，一斤约合324克。——译注），加上同样重量的巢菜（小扁豆），用10个左右的鸡蛋和匀。把这个混合物风干，然后用一头母驴推着石磨将其磨成粉。把雄鹿在年初掉落的鹿角磨碎，放入六分之一斤。当所有的这些都被磨成极细的粉末后，用凹型的筛子筛一次。往里面放入12个去皮的水仙花的球茎，用手把它们在大理石臼中捣烂，然后加入二两（在古罗马时期，一两为一斤的十二分之一，约等于27克。——译注）树胶和托斯卡纳的双粒小麦，以及18两蜂蜜。在脸上涂抹了这款美容品的女性，都将获得比她的镜子还要光滑夺目的肌肤。”

生产树胶的植物：芳香的伤口

没药

没药产自没药树（*Commiphora myrrha*，橄榄科）。没药树的独特之处在于，把树皮割开后，会分泌一种树胶。它是一种大型多刺灌木，通常有2—4米高，落叶木，叶片小而圆，花为橙红色。没药是一种有些透明的黄色干燥树胶，早在公元前2000年古埃及人就已经使用它了。没药是制作木乃伊的重要原料之一，包裹木乃伊的布带浸泡过没药。由于它的香味、灭菌作用和防止酸臭的功能，古埃及人也把它添加到油膏中。如今，人们往往用从中提取出的浓稠的橙色精油来制作东方风情的香水。

乳香

乳香来自数种乳香属（*Boswellia*）植物，属于橄榄科。乳香是小型落叶灌木，开花时白色、黄色或粉色的小花聚集成束。它生长于苏丹、埃塞俄比亚、索马里、南也门等气候干燥的地区，为这些国家带来了财富。

采集乳香的方式数千年来都未曾改变：人们在酷热的那几天把树干割开，好让白色的浆液渗出并干燥，变成半透明的琥珀色。一周之后，人们返回并刮下这些颗粒。雄香，也被称作 *oliban*，是上品；圆润、洁白、内含油脂，将它们放在火上便会燃烧。雌香柔软，更有树脂感，香味也要差一些。人们在制香和制药领域都会使用雌香，从中提取出一种温暖和带有木

没药是东方三博士带来的礼物之一。

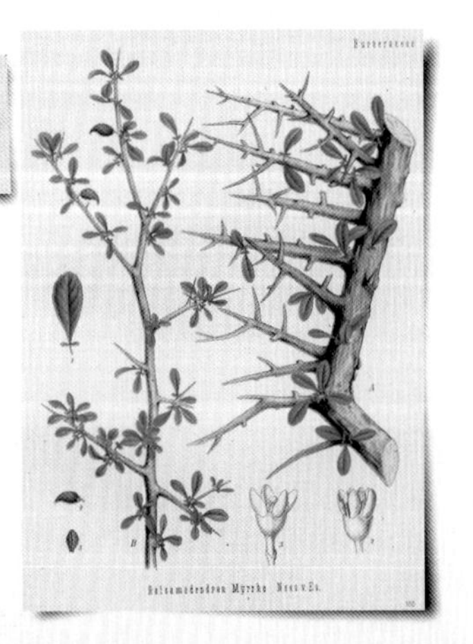

乳香树如今仍然被开发使用，是阿曼苏丹国的重要财富来源。有时候，人们仍在使用有数百年树龄的乳香树。

头芳香的精油。就像没药一样，乳香也与祭祀和宗教仪式密切相关，人们在仪式中点燃它们以表达对神的敬重。古埃及人从周边国家大量进口乳香。

阿拉伯树胶

阿拉伯树胶提取自阿拉伯胶树（*Acacia senegal*）树干渗出的汁液。阿拉伯胶树属于豆科，原产自非洲。它曾经是古埃及人制作的油膏的主要成分，如今，它以细白粉末的形式在市场上售卖，因它的附着功能大量被食品、药品和美容品工业使用。它能改善睫毛膏的持久性，人们也把它添加在眼霜中，利用它紧致肌肤的功能。

真正的卡他夫没药和格蓬香脂（白松香）

卡他夫没药提取自一种伞形科的植物（*Opopanax chironium*），是一种大型的多年生野生胡萝卜，生长在沙漠性气候的山区，可长至 3 米高。其树胶来自根部被切开后分泌出的乳状液体。在古代，人们对它的药用功能赞誉有加，那时它已十分稀有，价格堪比黄金。如今，在制香领域，人们使用一种跟它非常接近的树胶，格蓬香脂，用于制作植物的香调。格蓬香脂提取自一种类似卡他夫没药的草本植物，格蓬阿魏（*Ferula communis* var. *gummifera*）。早在公元前 2000 年，古埃及人就已经在一个净化口气的糖片配方中提到了这种树脂。

在经过了一场激烈的“树胶战役”之后，法国于 18 世纪获得了阿拉伯树胶的专属经营权。

卡他夫没药被阿魏代替，后者也同样受到欢迎。

脂粉

关于脂粉的概念

动词涂脂抹粉 farder，以及它的名词形式 fard，于 12 世纪出现在法文中，很可能来自凯尔特语，意为“上色”“涂抹”。从 16 世纪，也就是脂粉使用的高峰时期开始，farder 一词的意思才和现代法语的意思相同，即“化妆”。最早的脂粉是干着使用的，或者加入了动物脂肪或者植物油，好让它们更加稳定，涂盖力更强。人们还会在里面添加植物精华，使它们的气味芳香。化妆的主要步骤是用白色的粉涂抹全脸，掩盖粗糙的部分，使面部肌肤光滑，然后在脸颊处抹上红色的粉，在眼睛周围涂上黑色，以突出这些部分。

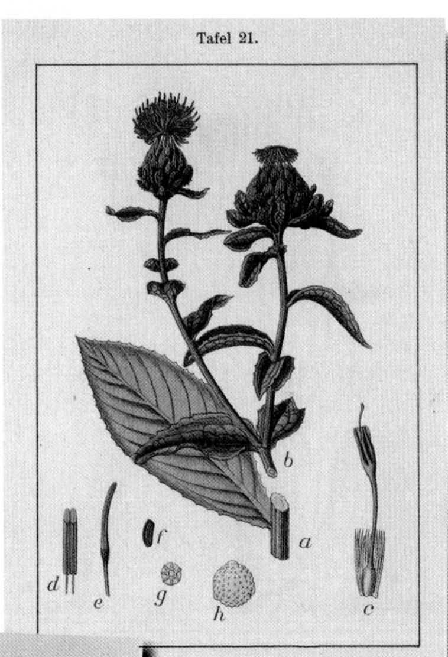

如今，红花更多地使用于印染布料，不过因为具有美丽的红色，它曾经在化妆品业扮演一定的角色。

白色脂粉由多种原料构成，其中几种毒性极强：硝酸铋、氧化锌、硫酸钡、铅白等，

铅白

铅白（céruse）一词来源于拉丁语 *cerussa*，意为白色颜料。人们从威尼斯（其出产的铅白质量上乘，也最为昂贵）、荷兰或英国进口这种白色的细腻粉末，然后由药剂师出售。

铅白又被称作“白铅粉”，是一种碳酸铅，提取自方铅矿，或者通过将铅箔放在醋中，经过氧化获得。铅白极具毒性，往往和其他同样有害的矿物（硫黄、明矾等）混合使用，毒害了从古埃及直到 19 世纪的一代又一代的男男女女。即便已经收到警示，直到 18 世纪 70 年代，医学界禁止使用铅以后，美容品业才对铅白的使用提出质疑。而事实上，早在公元 1 世纪，老普林尼就已经提到过铅白的毒性了。1913 年，法律禁止售卖含铅的美容品，然而，地球上的某些地方仍然使用着含有毒性的美白产品。

而一些原料则没有什么危害：白垩、高岭土、小麦粉、蛇根草（海芋的一种）的淀粉。同样，红色脂粉可能包含有毒原料（朱砂是硫化汞矿物）或者仅使用了无害的染色植物，比如红花、紫朱草或者胭脂虫红。

中世纪的配方集里满是使用怪异原料的药方，比如烧灼后的鼹鼠和独角兽，后者其实便是独角鲸。

从古罗马帝国到中世纪：妖魔化

在古希腊，只有风尘女子才使用脂粉，她们给面部涂上对比强烈的色彩：修正肤色的白色，让脸庞红润的红色，加重眉毛的黑色。从古罗马的古典时期（公元前4世纪），这种化妆方式被富有而高雅的贵妇们采用，并在整个帝国时期流行。

从公元2世纪开始，人们对脂粉的看法发生了变化。神学家德尔图良写道："属于自然的东西是神的作品，而人工的修饰是魔鬼的作品，化妆不仅犯了傲慢的原罪，还犯了荒淫的原罪。"教会圣师们批评世俗的精神——它使得整个女性群体都热衷于使用脂粉——并将这种行为视作一种原罪：在中世纪初期，那些胆敢"修正神的作品"的人都是与魔鬼为伍的！教会对社会的控制，使得人们放弃了使用这些世俗的物品，脂粉几乎完全被舍弃不用了。不过，理想的女性仍旧需要拥有"极其洁白而透明的皮肤，当她在饮用葡萄酒时，人们能看到酒在她的喉咙里流淌"，或者她的皮肤"应该白得像百合，脸颊红润得

人们为从古代到近几个世纪所使用的极具毒性的化妆品而感到惊讶，但是面对20世纪初宣传的放射性产品，人们只能惊愕得说不出话了！

像玫瑰”。那时候的人们满足于使用一些“食物配方”来护肤，这些配方在晚些时候被一些作者记录下来，比如1555年米歇尔·德·诺特达拉姆（又称诺斯特达拉姆斯）的记载。这些配方是面向城市中的商贾阶层的女性的：比如柠檬汁、黄瓜、草莓、蚕豆粉或羽扇豆粉制成的夜用面膜等。

文艺复兴与脂粉的复兴

SOPHIE
La riche fermière
66

富有的女农场主索菲因其晒黑的肤色而毫无竞争力。直到20世纪，晒后的古铜色皮肤才成为美的一种。对索菲来说真是可惜。

西罗马帝国于公元476年覆灭，随后，欧洲商贸和经济的混乱局面使得美容品和香料的使用一度下降。再加上教会的敌意，哪怕是少量地使用美容品和香料都变得困难了。拜占庭帝国的君士坦丁堡却保留了东方使用美容品的传统。多亏了和拜占庭帝国的商贸往来，威尼斯和热那亚也保留了传统手艺。那时，美容品的历史主要由阿拉伯世界书写。

从东方归来的十字军以及文艺复兴的萌芽，使得护肤与化妆的艺术重新回到了欧洲，并受到欢迎。首先在宫廷流行开来，后来又在民间风靡。它们的真正复兴由美第奇家族推动，先是16世纪初期，嫁给了未来的亨利

根据位置的不同，假痣有着不同的名字。俏皮痣在嘴唇的下方，优雅痣在脸颊上，慷慨痣在胸脯的上侧。放肆痣在鼻子上，窝藏痣或者欺骗痣用于盖住一块疙瘩。亲吻痣在嘴角边，活泼痣在酒窝处。至于著名的美人痣（销魂痣），它在眼睛旁边。

对雪白肌肤的绝对推崇持续了多个世纪。为了把自己和暴露在阳光下劳作的农妇区别开，贵族女性使用遮阳伞以及各种有毒产品。

二世的凯瑟琳，然后是亨利四世的妻子玛丽。这两位美第奇把她们的出生地意大利的审美标准带到了法国。随后的两个世纪，直到法国大革命之前，男人和女人们都寻求一种几乎彻底修饰过的外表，这是贵族的象征，把他们与平民区分开。这种装扮要花费大量的金钱，并且被市民阶层争相模仿。

十六七世纪：雪白肌肤的绝对统治

诚然，白色是纯洁和少女的象征，但是对于贵族女性而言，展示出雪白的肌肤能把自己和下层女性区分开来，因为后者不得不把脸庞暴露在烈日与风雨下。

在1616年出版的《变美的历史》一书中，让·贝尔容（Jean Berjon）对这种还将延续几个世纪的雪白肌肤的哲学做了精彩的描述：“比例不均、坏脾气、皱纹和黝黑的肤色都是丑陋的，其中最后一个是最让人难以容忍的，正如纯白是最美好的一样。纯白代表了光明天使……白色用于救赎和

化妆就像掩饰偷来的马车

在17世纪，涂抹脂粉的方式有点引人注目。首先涂抹一层白粉来遮盖住皱纹、阳光晒过的痕迹、因患梅毒或者天花留下的疤痕、疙瘩、皮疹等各种瑕疵。然后以打圈的方式涂上一层红粉，根据社会地位或者当天的活动性质进行选择，并在眼睛周围画上黑色，在嘴唇涂上玫瑰色的软膏。在胸脯、太阳穴或者手臂的一两根静脉处点上少许靛蓝色，可以突出贵族独有的白皙。最后便是贴上一颗假痣了，这一小块用没食子染黑的塔夫绸或天鹅绒，是贵族男女们绝妙的巴洛克式配饰。通常，人们把这些具有不同形状的假痣贴在皮肤上，以反衬出皮肤的白皙与光泽，或者用于遮盖疤痕。假痣是17世纪中期最为流行的一种配饰，但其实很早它就存在了：古埃及人用一种黑色的膏药来遮盖皮肤的瑕疵。

欢愉，黑色是审判与死亡：白色为我们带来欢乐与慰藉，黑色则带来苦恼与怨恨。”

贝尔容已经注意到为皮肤增白的产品具有危险性，例如砷、矾、硫黄、铅白或者水银。他建议使用其他的美容品代替，比如没药油，“它是最有效。也是最珍贵的美白品”。

新的行业与新的产品

保持这样白皙的贵族肌肤需要很多技巧，因为上流社会的大人物希望尽可能长时间地保留这一血统的象征。在十六七世纪，脂粉、油膏和各类美容品都由使用者，或者更多地由他们的仆人在家里制作。蓬勃发展的市场前景大好，使得这些产品不再只是停留在家庭制作。18世纪时，手套－香料制作的行会便抓住了这一市场。那时的手工业者将各种各样的美白产品摆满了他们的店铺。除了脂粉，他们还发明了，或者更准确地说，重新发掘了各种见效快的产品，而脂粉只是被动地遮盖瑕疵。于是人们还售卖用于增加皮肤光泽、使皮

软膏、油膏和面霜都期待着19世纪中期的到来，那时候，人们终于发明了包装用的管子。

在科尔贝尔（法王路易十四时期的重要大臣。——译注）的推动下，制香业被视作在国家层面具有重要意义的工业，它的发展依靠了在格拉斯地区大量种植的晚香玉、茉莉花、玫瑰和石竹。

在雅各宾专政后，诞生了 Les Incroyables et les Merveilleuses（字面意思为难以置信之人和令人惊叹之人。——译注）运动。跟随这一时尚的人追求奇特和夸张的服装、配饰和妆容。

肤光滑、清洁、祛除雀斑、腐蚀赘疣的产品。这些产品的大量生产依靠液体：直到 19 世纪末，百合花水、蚕豆水，各种各样的混合水都是大部分配方的主要原料。

启蒙时代：重归自然

启蒙时代是重归植物原料的重要转折点。在整个 18 世纪，人们已经注意到了之前使用的产品可能存在的危害，随即改变了很多习惯。人们意识到某些产品，比如铅白，是有毒的。一些作品也揭示了铅白的危害，例如于 1773 年出版的《手艺与职业词典》。1778 年，皇家医药协会成立，它的职能在于决定是否有权使用某种产品。

头颅……脂粉落地

法国大革命后，曾经大量使用的脂粉被大幅度地舍弃了，男性几乎不再化妆，而尊贵的女性也只是抹上一层用米做的粉。革命正在进行，并且它不只局限于政治领域。革命不仅涉及头颅，修饰它们的脂粉也一同落地！

油膏和软膏

直到 16 世纪，人们都使用油膏（onguent）一词指代以植物为原料的、带有芳香气味的、质地厚实的美容品。中世纪时，人们生产出一种以苹果（pomme）为原料的油膏来解决肌肤问题。这是软膏（pommade）一词出现的源头。此后软膏一词代替了油膏，后者更具备医药的内涵。另一个词源与第一个有关联：文艺复兴时期，意大利人制作出一款可以使肌肤更柔嫩紧致的面膜 pomata，而 pomata 一词来源于意大利语的 pomo（苹果），它是面膜的主要成分。

头发

促进头发的生长

从古至今，头发都是重要的装饰，一种吸引力的象征，因此需要好好保养它。在古埃及，养护头发是每日的重要功课，尽管有身份的男女往往会使用假发来掩盖一些有关头发的烦恼，但最大的忧虑便是如何避免脱发。娜芙蒂蒂、拉姆西斯二世以及很多人都受此困扰。

人们发明了很多种治疗处方。《埃伯斯纸莎草书》上所记载的最早对抗秃头的配方，可追溯至公元前4000年：法老塞提（Séti）的母亲建议在局部使用一种合剂，把椰枣、狗爪子、驴蹄子碾碎，然后放在油中煮。接下来的配方与此一脉相承，直到19世纪，先后出现过：各种动物的脂肪、阿片酊（鸦片）、鸽子粪、植物和去壳的种子等。

在古老的时代，白发也是让人忧虑的问题。那时，人们已经学会利用从散沫花、靛青植物以及青核桃皮等提取出的植物染料来对抗白发。

理发业的磨工

路易十四时代，假发又重新流行起来。法王本人便采用这种方法来掩饰皮肤病的后遗症。在17世纪，男性和女性都佩戴假发。很快地，假发制作成了一项真正的工程。最

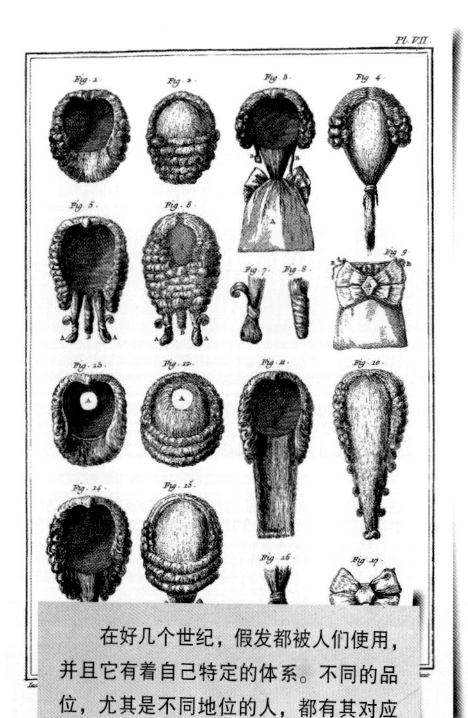

在好几个世纪，假发都被人们使用，并且它有着自己特定的体系。不同的品位，尤其是不同地位的人，都有其对应的假发。

染发剂

尽管在17和18世纪，男性和女性都普遍使用假发，尤其是在庄重的场合，但是优雅的女性们仍然仔细保养着她们天然的头发，为其喷上浓重的香水。她们也使用以散沫花为原料制成的染发剂，使头发泛有红色光泽。若想把头发染黑，她们会使用提取自木蓝（*Indigofera tinctoria*）的靛青。

早是金发，然后是黑发，再后来是撒有香粉的假发，它们的制作讲究，被菲利普·佩罗（Philippe Perrot）形容为“磨工的活儿”。在法国大革命前夕，往头发上，更准确地说，往假发上撒粉末的操作达到了极致。那时候人们几乎从来不洗头发，撒粉末是去除油脂的一种方式。

假发的流行使得一个新的职业诞生了：假发师。他们负责设计与生产假发，并且也负责假发的定期保养，为它们洒上香水并做调整。大部分民众，也就是80%的人，是不使用假发的，对天然的头发也不怎么打理。只有一部分贵族和富裕市民阶层推动着当时引人注目的假发－理发行业。他们每天为高雅的男男女女整理头发，并用一大束丝绸在头发上撒满香粉。贵妇们会拿着一种圆锥形的器物，防止脸上被喷上粉末。

最廉价的粉末采用骨头磨成的粉做原料，大部分使用的是淀粉，人们在里面加入鸢尾花根磨成的粉，这样可以使它具有紫罗兰的香气，或者加入塞浦路斯粉，即把长在橡树上的一种橡苔（*Evernia prunastri*）磨碎后，得到的带有檀香型气味的粉末，如今，这种粉末仍被用在一些名为“西普香水”的香水中。这种不管是卑微的店主还是法国的国王都热衷的时尚，使得梅尔西耶（Mercier）于1780年左右在《巴黎图画》中写道：“这些被浪费的粉末，都被喂给了只会使人奇痒难忍的害虫（此处应暗指头发上的虱子、跳蚤等。——译注），而实际上它们每天足以喂饱千万穷苦的百姓。”

在具备各种颜色的化学染发剂问世之前，散沫花从古代开始便被大量用于染发。

头发里的海狸

古埃及人还使用蓖麻油来保护头发，使之不受干热气候的损坏，这种油在今天仍被使用。六千年前，他们便把这种原产自东北非和中东地区的植物油作为灯油用。在《埃伯斯纸莎草书》中，蓖麻油出现在一百多个处方中。它被视作可以治疗便秘，而用它摩擦头皮，还可缓解头疼，或者促进头发的生长。

如果使用得当，蓖麻并不会毒害人，人们一直使用蓖麻油护理头发。

蓖麻是草本植物，在它的原产地也可能成乔木状，可长至1—5米高，叶片较大，有15—45厘米，分成5—12块锯齿状裂片，呈手掌的形状，因此16世纪的西班牙传教士给他们取了“*palma Christi*”这个名字，即“耶稣的手掌”。蓖麻的果实为带有皮刺的蒴果，长3厘米，在干燥后会裂开，释放出三颗布满白色和褐色斑点的种子，像极了蜱虫，而在拉丁语中*Ricinus*（蓖麻）便是蜱虫的意思。

从蓖麻中提取的油有极强的催泻作用，因其富含的蓖麻酸会损害肠道黏膜，引发水分和无机盐的大量流失。如果只是外用，这种脂肪酸并没有毒性，它能使头发、睫

海狸（castor）油？

人们在INCI（《国际化妆品原料标准名称目录》）中能看到“castor oil”这个原料，它被广泛用于各种产品。Castor oil和啃树干的小动物没有半点关系：在英语中，人们把蓖麻种子称为castor bean。而蓖麻油确实在某些情况下代替了海狸的腺体分泌的海狸香，但是不应该把castor oil翻译成海狸油，因为在英语中，beaver这个单词才是指海狸。

毛和指甲更加坚固。在安的列斯群岛，人们把蓖麻油称作 Carapate 或者 Karapate 油。安的列斯群岛的居民一直守护着一个秘密，即尽管受到风吹日晒与海水侵蚀,他们却依旧有着美丽的头发。每个家庭都有自己的秘方，但它们都是经过不同工序，从蓖麻（*Ricinus communis*）的种子中提取出来的。不过要注意的是，蓖麻也含有一种厉害的毒素，蓖麻毒蛋白，其中种子里的毒素含量最高，叶片中也有一些。蓖麻毒蛋白是水溶性的，只有把种子弄坏，让水浸入其中，才能使蓖麻毒蛋白溶解。种子坚实的外壳让毒素很难释放，因此，如果把蓖麻种子整个吞下，并不会有危险。冷榨得来的蓖麻油，并不会含有蓖麻毒蛋白。

威尼斯金发

让我们稍微往回走走，退回到文艺复兴时期的意大利。那时的女性都期盼着有一头略泛红光的金发：威尼斯金发。时髦的威尼斯女性为了获得这样的金发，不惜花费时间和精力，完善了染发的流程。她们使用一种被她们称为“金发水”（acqua bionda）的汤剂来浸染头发。汤剂里的成分复杂，根据不同的配方有所不同：蜂蜜、硫黄、明矾、藏红花、大黄汁、散沫花的叶子、香桃木的叶子、白葡萄的果肉和灰烬、芦荟和没药、枯茗、青核桃皮。

被小心守护的秘方，再恰当地来点阳光：威尼斯金发让所有男人都难以抵御。

涂抹过汤剂后，她们会戴上一种被叫作 solana 的帽子，这种奇怪的帽子帽檐很宽，帽子上有一个洞以便把头发露在外面，随后便让阳光来完成后面的工作了。四个世纪后，1870 年左右，人们发明了用双氧水来使头发变成淡金黄色的办法，不过有时得到的却是秃顶……

美丽的双眼

从古埃及式的眼睛到小鹿般的眼睛

大家都知道古埃及式的眼睛，即把眼睛周围涂上一圈被称作 kohol 或者 khôl 的黑色颜料。它也单独构成一种象征，被刻在石头上，写进文档里，把演员的眼睛画成这样，也是 20 世纪 50 年代好莱坞电影想要表现古埃及风情时的主要方式。眼圈墨将眼角延长，让眼睛变大，并且赋予目光某种光泽和深度，它深受古埃及人的喜爱，我们今天也力图重现这种效果。

眼圈墨通过防止阳光反射到眼圈，进而保护眼睛不受埃及地区强烈阳光的伤害。人们也把它作为一种眼药。眼圈墨能够治疗一些眼睛的炎症，例如沙眼。沙眼可能导致失明，它由

诱惑从眼睛开始。对美化眼睛的所有努力便不难理解了。

最早，眼圈墨是一种为了保护眼睛的消毒剂。

沙眼衣原体引发，后者是一种寄生在苍蝇身上的真菌。

眼圈墨有绿色的和黑色的，其原料为硫化铅粉末、硫黄和其他一些材料，它们被混合在动物脂肪、树脂或者植物油中。眼圈墨被储藏在小瓶子或者是由芦苇、木头或雪花石膏制成的带有塞子的小管中。涂抹的工具则是一根通常为木制的小棍子。如今，我们使用的一管管睫毛膏继承了古埃及的营销策略……

地中海的很多地区以及亚洲和西非的某些地区，也学会了使用眼圈墨，因为每个地区出产的原料不同，眼圈墨的配方也有所变化。人们会采用灼烧过的椰枣核，再混合藏红花、散沫花、没药、胡桃木的树皮片、锑矿石（阿特拉斯山区出产的带有蓝色光泽的黑色矿石）、树脂，并加入玫瑰或矢车菊精油。在摩洛哥，女性们会在眼圈墨中加入一些橄榄油，使它更加温和，便于使用名为 mirwed 的光滑木条进行涂抹。眼圈墨是增加吸引力的关键环节。由于女性戴着面纱，人们只能看到她涂有眼圈墨的双目。一则阿拉伯谚语说道:“眼睛是一张弓，它射出去的箭总能命中。”为双眼涂上黑色涂料的时尚被古希腊的贵妇和古罗马女性采用，当欧洲不再使用眼圈墨时，东罗马帝国的女性仍然保留了这个传统。文艺复兴时期，人们再度为眼睛化妆，眼圈墨被称作黑色脂粉。后者由铅白和树胶构成，并添加有烟囱灰、没食子或者碾碎并烧灼后的核桃壳。

画了黑色眼线的美目，再加上一颗美人痣，让人如何抵御呢？正好，人们不想抵御。

睫毛膏的传奇故事

现代的睫毛膏与它们又有什么关系呢？故事开始于 1820 年，与一个法国人有关。一个历史没有记录下名字的、姓里梅乐（Rimmel）的人被派去经营一家位于伦敦的香水铺。他是皇后约瑟芬（拿破仑的第一任妻子。——译注）的调香师鲁邦（Lubin）的学生。里梅乐的生意红红火火，1824 年，他开了自己的商铺——里梅乐屋（House of Rimmel），并让自己的儿子，14 岁的欧仁做自己的学徒。欧仁表现十分出色，他与父亲一道完善了众多的香水和美容品配方。他的盥洗醋和芳香脂粉获得了极大的成功，使他成为维多利亚女王和英国王室成员的供应商。他最光辉的事迹便是在 1880 年发明了第一款不含有毒物质的睫毛膏，其巨大成功使得品牌的名字最终变成了指代睫毛膏的普通名词——在营销学术语中，这种现象被称为 branduit。

随后，1931 年，一位名叫 T. L. 威廉姆斯（T. L.Wiliams）的美国化学家改进了睫毛膏。他完善了他的妹妹美宝尔（Maybel）所使用的混合了凡士林和煤炭粉的配方。历史是这么记载的：威廉姆斯想帮助妹妹获得更加迷人的眼睛，从而吸引追求者。也正是他的妹妹给了他灵感，让他决定将1915 年成立的新公司，以及公司生产的睫毛膏叫作“美宝莲”（Maybelline）。那时的睫毛膏是一种装在管子里的乳膏。1917 年，美宝莲公司推出了一种

睫毛膏（mascara）的名字与阿尔及利亚的马斯卡拉平原没有一点关系。它的名字源于意大利语 maschera，意指面具，这个词根也出现在假面舞会（mascarade）这一单词中。

新睫毛膏，为黑色的小饼状，里面含有不同的颜料。1929 年，这种睫毛膏得到进一步改良，添加了蓖麻油和蛋白质，能够促进睫毛生长，因此被命名为 Ricil's。

1935 年，两位法国人，阿福利科（Havlick）兄弟，再度改良了饼状睫毛膏。他们发明了一种质地较密的睫毛膏，里面添加了蜂蜡，如此一来便能保证睫毛的柔软。他们在小盒子里搭配了一个小刷子，使用前需要先弄湿。很长时间以来，睫毛膏都是一种加入了颜料的饼状蜡块，被称作 cake mascara，直到 1957 年，赫莲娜·鲁宾斯坦（Helena Rubinstein）发明了管状并内嵌刷子的睫毛膏。

威尼斯式的媚眼，令人倾倒

再次回到文艺复兴时的意大利。那时，风月场的女子和爱卖弄风情的妇人使用一种植物果实的汁液来放大瞳孔。这让她们的目光更为明亮，散发出一种难以名状的扰乱心神的东西，并且瞳孔的放大与激情相连，这让她们更具吸引力。这种汁液会让人有一点点斜视，那时候人们欣赏这样的媚态，并且我们的短语记录下了这个现象："avoir une coquetterie dans l'œil"（字面上的意思为"眼含媚态"。——译注）

颠茄能带来一种动人的斜视。

指的便是斜视。这种汁液提取自颠茄（意大利语 belladonna，美丽的女人），学名 *Atropa belladonna* L.，是一种茄科植物。

颠茄是一种多年生的草本植物，可高达 2 米，它们生长在中部和南部欧洲的森林边缘、废墟里，或是被遗弃的地方。它的单花呈钟形，色深，果实如樱桃般大小，黑色并且有光泽。要知道，很多茄科植物的地面部分都含有毒素，而颠茄的整个植株都含剧毒，因此在某些地方，颠茄的果实被叫作“毒樱桃”。颠茄学名中的属名，*Atropa*，来自复仇三女神的其中一位，她负责在时机来临之际剪断生命之绳。

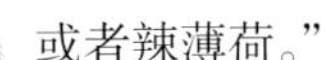

从洁净到现代意义上的护肤

羞耻心占据了越来越重要的位置

与人们固有的错误观念相反，中世纪时人们是非常讲究卫生的。人们经常洗浴，尤其是十字军从东方引进了蒸汽浴室之后。男男女女都混合在一起洗浴：“身体是赤裸的、洁净的、去掉了汗毛，并洒上香水。人们用一些据说可以催情的植物来做熏蒸治疗，比如莨菪的种子、迷迭香或者辣薄荷。”

不过，从 16 世纪开始，人们对用水清洗身体的操作本身表示疑虑。教会禁止

在教会以及科学家眼中，盥洗，更准确地说，是使用水的行为，变得可疑。

了这些被认为是异教徒的行为，它们让人沉迷声色，使精神迷失。并且教会也认为，洗浴与伊斯兰教的仪式和大小净有关，因此强烈谴责浴室经营以及去那里洗浴的客人。浴室逐渐关门了，再加上当时人们受到错误医学观念的引导，洁净本身也变得可疑了。

用污垢来保持卫生

中世纪后的卫生观念与人们对大瘟疫——比如1348年经由里海到达马赛并扫荡了整个欧洲的黑死病——的惧怕也有很大关系。在此之后，人们认为身上的一层厚厚的污垢可以预防疾病。想想看，这是多么显而易见的事情！法国的医生认为，洗浴是传播疾病的一种途径，尤其是热水浴，它“让毛孔张开，被瘟疫污染的水汽便涌入了身体”。在大量例子的支撑下，他们宣布最好关闭浴室。

因此污垢变成了人们熟悉的东西，于是开启了惧怕水的时代。在这个时代，美容品大多是油腻的脂粉、厚重的霜，以及浓烈且对比强烈的香水，后者含有麝香、琥珀或是麝猫香的味道，以便遮盖住臭味。对水的恐惧在17世纪达到了顶峰。

不用水的梳洗

为把自己弄干净，人们充分发挥了想象力，带有香味的产品于是

LANIÈRES, BROSSES, APPAREILS, MASS

Maisons à PARIS (42, Rue du Louvre), MARSEILLE, LYON, BORDEAUX, LILLE, TOULOUSE, NAN

在忍受了数个世纪的污垢之后，20世纪流行的是搓澡。

在凡尔赛宫廷，一切都充满芳香，扇子、假发、衣服、手套、念珠。路易十四大量使用香料，甚至因此而得了过敏症。

替代了水在梳洗时的角色。路易十四一生只洗过几次澡，他用盥洗醋搓身体以去掉污垢，并经常用干毛巾“清洗”身体。17 世纪，带有芳香的盥洗醋发展迅速，它们多为花草醋或香料醋，由一些蒸馏制品商研制。贵妇们使用一种小盒子来装不同香味的盥洗醋，她们称之为“香水匣”(cave)。这种香味的收藏盒往往是为了满足好奇心,或者是为了“振奋精神”。到了 19 世纪，带有香气的盥洗醋成了一种真正的美容品，它们能够使肌肤柔滑，并促进其新生，其中最流行的是玫瑰醋和石竹醋。人们也使用浸透了芳香材料的小布囊，为之取名为“维纳斯的手帕”。这种布囊能让人们不沾水地“洗”脸。保持洁净,也指在裙摆的褶子里放上香囊，使用带有麝香味或麝猫香味的手套，以及在帽子上别上玫瑰花。

宫廷中不可缺少的人物：调香师

在他们的店里只有油、醋、脂粉和带有香味的各种水：玫瑰、茉莉、紫罗兰、鸢尾花、晚香玉、黄水仙、石竹、薰衣草、百里香、月桂、苦艾、茴香、鼠尾草、迷迭香、罗勒、树脂、乳香，香料植物如桂皮、豆蔻或是橙子和柠檬，以及提取自动物的香料，例如琥珀、麝香或者麝猫香。人们为这些芳香水起了各种颇能引起联想的名字：百花水、春之花束、美容水、

继在美食和医药领域之后，香料也进入了美容领域。除了各种花卉之外，香料也是香水的重要原料。

苏丹后妃水……

1775 年，让 – 弗朗索瓦 · 霍比格恩（Jean-François Houbigant）制作的霍比格恩水让他一举成名。它十分柔和，仅以花为原料，其广告词如下："它对面庞而言，就像早晨的露水对花朵一般，它让肌肤清爽而更具弹性，使之细腻柔滑，并让其免除一切皮肤病的困扰。"

然而，法国大革命的风暴即将到来，并深深地影响了曾服务于贵族的美容业。玛丽 – 安托万王后的调香师，让 · 法尔荣（Jean Fargeon），差一点就因为自己的职业而掉了脑袋。另外，作为启蒙思想的延伸，科学精神开始重新审视中世纪以来横加制定的各种禁忌。革命不光是在政治层面。

宫廷大臣的一种娱乐

奥盟（Aumont）元帅夫人完善了一种香粉的配方。这种被称作"元帅夫人粉"的香粉以鸢尾花、柠檬、薰衣草、芫荽、丁香和其他植物为原料，风靡了三个世纪。以她作为榜样，宫廷大臣们也纷纷以制作各种芳香产品自娱。那时，是凡尔赛宫为整个法国以及欧洲的上流社会定下基调，因此，对芳香的热爱使得调香师这个行业获得了极大成功。

关于toilette（梳洗）一词的来源

在指代洗漱、化妆、打扮甚至高档的衣物之前，toilette 本来是指一块小小的布（法文中 toile 是布匹的意思，而 -ette 这个后缀有"小"的意思。——译注）。更准确地说是细亚麻布，是用来盖洗漱装扮的用品的。它被放在用于存放化妆或梳洗用具的盒子或者桌子上。随着时间的流逝，它变得越发精致，甚至有花边装饰。

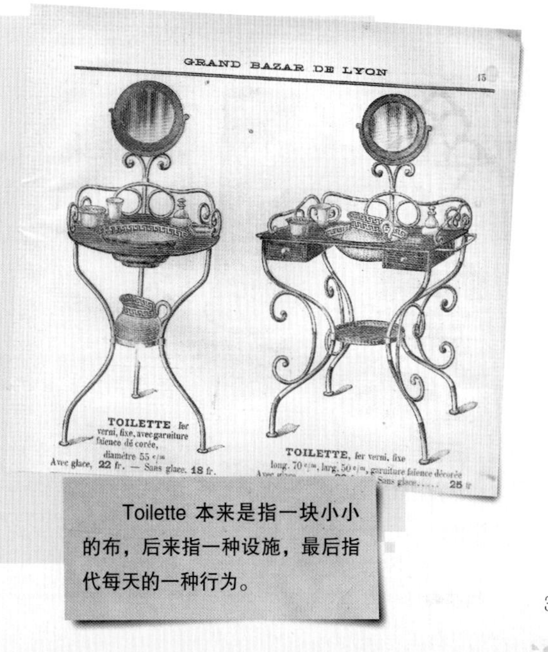

Toilette 本来是指一块小小的布，后来指一种设施，最后指代每天的一种行为。

19世纪的卫生革命

工业革命初期，在发现了微生物之后，人们重新开始了保持干净和卫生的行为。很多医学论文重新建议洗冷水澡和使用肥皂。人们意识到，很多病菌的传播是通过皮肤进行的，而保持清洁能够预防疾病。伊万冉（Yvaren）医生于1882年在一篇医学论文中写道："皮肤既会吸收也会呼吸。"

皮肤流露出它的情感

在抛弃了厚厚的脂粉之后，出现了新的美容产品，它们的目的不再只是上色，而是养护肌肤，是滋养、护理一个活生生的组织，使它更为紧致，而不是为一张表皮涂上花里胡哨的色彩。肌肤从此能表达出自己的情感，这与浪漫主义时期的风尚十分吻合。浪漫主义始终偏爱洁白的，甚至是苍白的皮肤，以便它像背景幕布一般能反衬出所表达的情绪。不过，以此为目的的护肤品面向的是悠闲的上流社会。白皙的皮肤是社会地位的象征，它与"乡下人长满老茧和粗糙的皮肤不同，是柔软、均匀、紧致、清新的"——塞勒纳尔（Celnart）夫人在《贵妇手册》或名《高雅的艺术》一书中如此写道。

在商业精神的引导下，也发展起了一整套遮盖皮肤的配饰，包括手套、遮阳伞和帽子上的短面纱。对白皙皮肤的追求也刺激了新美容品的诞生。根据不同需求，它们可以使肌肤更柔软、更光洁，或者更紧致：以安息香

只有丈夫才有特权看到妻子涂上各种各样的晚间面膜，它们曾经的样子颇为令人担忧。

化妆和美丽的服饰越来越平民化，路易赛特和芳琼（这些名字在当时有较强的乡下女性的色彩。——译注）终于买得起富有女人味的衣服饰品了。

为原料的乳液，用车前草和草莓制成的美容水，橄榄油、杏仁油、可可油、大麻油和亚麻荠油又重新流行起来。人们还发明了面膜以及奇特的用于嫩肤的护肤品，例如“丈夫面膜”，为它取这个名字，是因为这种面膜在睡前使用，只有丈夫能一睹其面目。

手工作坊的结束，工业制品的开始

不幸的是，除了这些天然产品，还有很多有毒的产品，它们混合了植物提取物和有害物质，如硼酸钠、碳酸铋、汞等。18 世纪出现的各种盥洗醋中含有很多用于染布的配方，它们对皮肤有毒性，会加快皮肤的松弛。

1840 年娇兰（Guerlain）先生在发明他的“黄瓜霜”（crème de concombres）时是否受到了盥洗醋的启发？他声称黄瓜霜有各种功效，

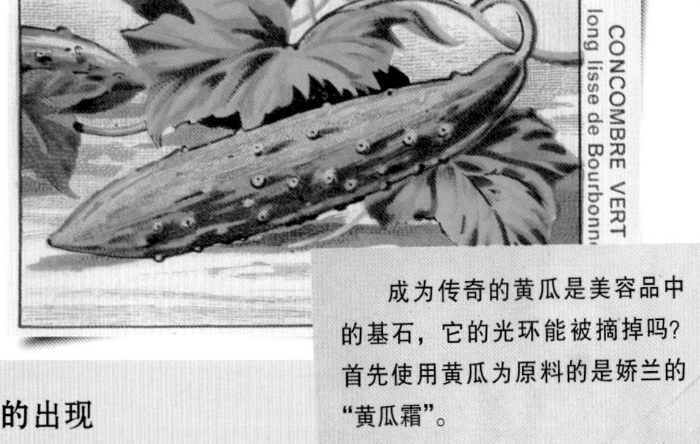

成为传奇的黄瓜是美容品中的基石，它的光环能被摘掉吗？首先使用黄瓜为原料的是娇兰的“黄瓜霜”。

化妆品的出现

本来只有戏剧演员才会化装，但后来它逐渐被正名。1859 年，波德莱尔甚至写了一篇《化妆颂》。maquiller（化妆）这一词原本是一个带有贬义的俚语，指在打牌中作弊。直到 1877 年，利特雷（Littré）才把它收录到正式的法语中，专门指戏剧演员的化装。19 世纪后半叶，对脂粉和美容品的消耗快速增长，但由于价格昂贵，尽管店铺数量众多，却只有少数人才买得起。1868 年起，埃米尔·古德莱（Émile Coudray）在他圣德尼的现代化工厂（采用蒸汽为动力）中大量生产美容品，并大大地降低了它们的价格。

例如保持皮肤的弹性，起到防止因受到紫外线的照射而老化的作用，使皮肤柔软，等等。无论如何，它开启了大型美容品公司纷纷成立的时代。

数位杰出的女性在世纪之交开创了自己的美容品帝国。

今天，我们把将产品嵌入影视作品中的行为称为“植入广告”，不过，女演员们很早便成了护肤和化妆品牌的形象大使。

茶树曾经是英国海军代替药草饮品的东西，数个世纪以来，它也被广泛用到美容品中。

植入广告

电影业的诞生成了美容品行业的主要推动力。第一次，电影观众能看到演员的面部特写。在无声电影中，化妆品可以强调面部动作和表情。

化妆曾经被认为是不道德的，此时它被重新审视。女性观众将自己带入到化了妆的女演员身上，希望自己能像后者一样，使用同样的产品。1915 年前后，品牌和品牌价值的观念在美国形成，而此时的欧洲正忙于其他事情……

三位女性，三个帝国

萨拉·布里德洛夫（Sarah Breedlove）出生在路易斯安那，她的父母曾经是黑奴。布里德洛夫7岁时成为孤儿，14岁时嫁给了一个施暴成性的丈夫。她因自己的头皮有问题，便发明了一种护理头皮的药水。1905年，她创立了自己的公司，生产沃克女士的奇妙增发剂（Madam Walker's Wonderful Hair Grower）。公司生产这种针对美国黑人女性头发的产品，得到了顾客的赞誉。然而令公司获利满满的，还有一款含有蜂蜜、百里香、迷迭香和澳大利亚茶树［tea tree不是生产茶叶的茶树，而是互叶白千层（*Melaleuca alternifolia*），一种生长在澳大利亚的桃金娘科植物］的洗发水。

赫莲娜·罗宾斯坦（Helena Rubinstein）于1872年出生在克拉科夫的市郊。她和她的六个妹妹都拥有极好的皮肤，这得归功于母亲的润肤霜。它是母亲的一位匈牙利朋友制作的，它含有鲸蜡、杏仁精油、喀尔巴阡山的松树皮和其他植物。

赫莲娜在24岁时移民到了澳大利亚，住在一位亲戚家，她在自己的厨房完善了母亲的润肤霜的功效，用它帮助了移居澳大利亚的妇女们，使她们被炙热的阳光伤害的皮肤得到滋润。她为润肤霜取名"Valaze"（瓦莱姿），这在匈牙利语里是"上天的礼物"的意思。产品获得了巨大成功，使得这个品牌诞生了，于是，她很快就在伦敦、纽约和巴黎设立了商店，后来的故事便为人所熟知了。

伊丽莎白·雅顿（Elizabeth Arden）是赫莲娜的竞争对手。她出生在多伦多附近的一个极为贫穷的农场，出生时名叫弗洛伦斯·奈廷格尔·葛兰阿姆（Florence Nightingale Graham），在很早时便随着移民潮到了纽约。1907年，她在美容沙龙里找到了一份做收银员的工作，很快便成了老板的合伙人。随后，她独自经营沙龙，并保留了原来老板的名字，伊丽莎白。据说，这么做是为了保留商铺招牌上的鎏金字，从而省下一笔开支。"雅顿"这个名字似乎取自丁尼生的诗句。产品品牌的快速壮大，很大程度上归功于一些口碑产品，例如诞生于1935年的"八小时润泽霜"（crème de huit heures）。这款修复霜改良自她用在赛马上的一种产品，她在推广润泽霜时采用了挑衅式的语言："试试它吧，我把它用在我的马身上。"

她的话吸引了一位顾客，她购买了这款产品，用它涂抹在她家小儿子擦破皮的膝盖上。八小时后，膝盖上的皮肤状况确实明显见好。于是这款奇迹产品的名字便称为"八小时润泽霜"。

喀尔巴阡山的松树即欧洲云杉，学名*Picea abies*。

阳光的革命：对黝黑肤色的崇拜

去往晒黑皮肤的道路

直到第一次世界大战时，流行的都是苍白而如同珍珠般的皮肤、长裙以及带有面纱的帽子。然而在“一战”后，这一切都变了。女性在社会中的地位发生了改变，她们获得了解放，希望展示自己的身体，缩短裙摆，剪短头发。那些盲目追求白皙肤色的贵族女性，开始发现了南方的海滨浴场以及沐浴阳光的快乐。

19 世纪末期，女性开始追逐阳光的快乐，这为阳光的革命做了铺垫。那时，医生们建议利用阳光来治疗肺结核，推崇空气和阳光疗养，不过还没有建议晒黑。日光疗法诞生于 1903 年。1920 年，人们开始流行健康生活的哲学，回归自然，第一批裸体主义者营地也成立于此时。

人民阵线的疯狂年代

20 世纪 20 年代，一切都不同了。据说，是香奈儿让晒黑成为时尚：1925 年，她在戛纳坐着游艇兜了兜风。bronzage（美黑）一词于 1928 年首次出现在《拉鲁斯词典》中，代替了俗语中的 hâle（黄褐肤色）一词。使皮

缅栀子的花给了美黑产品一种难以复制的香味。

太阳的香味

欧莱雅几乎原样照搬了巴度的配方，在 1936 年生产了自己的“阳光琥珀”(Ambre solaire) 防晒油。它持久的香味成了带薪假期的象征，成了黝黑肤色不可分割的部分，深深地烙入了人们的嗅觉记忆。很多年以后，欧莱雅的研究人员去掉了阳光琥珀防晒油中的水杨酸苄酯成分，采用更具防止晒伤效果的物质代替，然而销量却严重下滑，因为消费者找不到那种令他们痴迷的标志性香味。于是，水杨酸苄酯又被加入到了阳光琥珀的配方中，不过不是作为过滤紫外线的物质，而是作为芳香成分。

肤黝黑的配方代替了曾经流行的美白产品：黝黑的肤色成了身体和心理健康的代名词，后来又象征着带薪假期和风光的度假。

时装设计师让·巴度（Jean Patou）很好地理解了象征着高雅的美黑新风尚。针对开始出现的晒伤现象，他在 1927 年发明了第一款防晒油，即迦勒底油，它能够“使皮肤柔软而黝黑，并防止晒伤”。迦勒底是古地名，是属于法老们的土地（迦勒底在两河流域，疑误。——译注），那里生活着一位有着金黄色皮肤的绝色美人。这款防晒油的味道从此以后成为海滩假期的标志性味道，它带有玫瑰、水仙和茉莉的花香，其中含有的过滤紫外线的物质——水杨酸苄酯——增添了琥珀香型的暖调。我们能在依兰的精油或者缅栀子和大溪地栀子花的纯香精油中，提取出水杨酸苄酯。

烤肉还是煎肉

20 世纪 50 年代，人们开始意识到阳光对健康的威胁。在广岛和长崎的原子弹爆炸后，所有有辐射的东西都令人担忧。冷战时期，法国民防局向民众颁发小册子，教他们如何在核爆炸后保护自己。在这样一种人心惶惶的氛围下，美容品公司抓住时机，发明了防护指数这一概念。各种类型

身体越来越暴露以便享受阳光，比基尼正蓄势待发，而裸体主义则于20 世纪初诞生。

就像很多品牌一样，阳光琥珀成为日常用语中的一种统一称谓。

为了获得焦糖色的皮肤而使用蔗糖，这个逻辑没问题！

的防晒产品令人们意识到需要防护，但是这个概念真正被普遍接受还需要时间，直到20世纪70年代后甚至今天，防晒的观念才深入人心。

与此同时，另一个附加品诞生了：自动美黑霜。为了使气色好看，就给皮肤上点颜色吧，但不需要像紫外线那样去影响皮肤深层结构。自动美黑霜利用了美拉德反应的原理，该反应作用在表皮的死细胞上，我们煎牛排时牛排表面变成焦褐色的现象，正是由于美拉德反应……美拉德反应由二羟基丙酮（DHA）激发，这种物质在自然状态下存在于多种植物的细胞中，比如栗子树的树皮中。二羟基丙酮与皮肤角质层的氨基酸共同作用，形成了褐色的色素，即黑色素。美拉德反应在20世纪50年代便为人所知，它对皮肤的pH值十分敏感，可能会合成过于偏橘黄的颜色，也因此颇受诟病。二羟基丙酮也经常与提取自蔗糖的赤藓酮糖结合使用，后者能保证肤色更为均匀。

需要注意的是，美黑霜不含任何过滤紫外线的成分，因此不能防晒。

口红：女性气质的象征

让嘴唇与激情燃烧

在现代意义上的口红诞生之前，古代社会的女性，如古埃及女性、古希腊的风尘女子以及古罗马女性都用红色的脂粉来涂嘴唇。这种脂粉通

最早的口红用檀香木来上色。

常是罐装的，质地接近固体，女子们用手指或者刮刀来涂抹。为了让嘴唇闪闪发亮，古埃及的女性在脂粉中添加鱼鳞提取物，而古罗马的女性则加入牡蛎壳磨成的粉末。

这些被克里索斯托（金口圣若望）——他是生活在4世纪的君士坦丁堡的大主教——形容为“像熊的血盆大口一般的血红色的嘴唇”，它如同其他脂粉一样，被教会视作恶魔的东西，自中世纪初期，人们便不再涂抹嘴唇。这一习俗在文艺复兴时期，被出身美第奇家族的凯瑟琳王后重新引入法国。

新的技术与古老的惩罚

据说，凯瑟琳王后的助产士路易丝·布尔热瓦（Louise Bourgeois）在1635年发明了第一款用于涂嘴唇的软膏，她在自己的美容品配方里集中记录下了软膏的配方。那时，人们重新发掘古代留下的配方，由仆人在家中配制。一直在窥视时机的手套商-调香师接替了仆人的工作，开始调制口红，其中既有具备毒性的矿物红色颜料（硫化汞），也不乏来自动物或植物的红色颜料，如巴西红木和其他红木、虞美人、玫瑰、紫朱草、胭脂虫提取的红色，等等，既有好东西也有危险的原料。18世纪首次提到了“口红”，出现在一名调香师死后的财产清单中。这份清单在描述20多个小盒子时写道，这些是用于涂嘴唇的红色颜料。那时，人们真正开始了为嘴唇化妆。1779年，阿尔冈（Arquin）骑士给皇家医学学会寄去了

1927年，化学家保罗·博德克鲁（Paul Baudecroux）发明了第一款可以在接吻时不脱落的口红：传递的信息再明显不过了！

棍状口红的配方：小牛的骨髓、黄瓜霜、原蜡和胭脂虫红，把所有制剂倒在用硬纸做成的小圆锥形容器中，让它们自然冷却，直到凝固成棍状。不过，要让女性们随心所欲地挑选自己想要的口红颜色，还有很多路要走。

1770 年，英国议会颁布的一项法令规定，涂抹口红的女性可能会被指控实施巫术……直到 19 世纪，只有轻浮的女子，也就是戏剧演员或者交际花，才会使用显眼的化妆品。在 19 世纪的英国，维多利亚女王宣布使用口红是“不礼貌的”。

“为什么我爱你的嘴唇？”我们心知肚明，口红也扮演了一定的角色。

最后几步

1828 年，皮埃尔－弗朗索瓦－帕斯卡尔·娇兰在巴黎的瑞沃里路开了一家商店。那时，他的职业被称作盥洗醋－香水调制师。他致力于配置个性化的香水。很快，他从英国引进了“玫瑰绽放露”（Liquide Bloom of Rose），这是用于涂嘴唇的玫瑰提取液，把它装在一个小瓶子中售卖，用自己的名字为它命名。娇兰很快又改进了配方，使得“颜色能够在用餐时也不褪去”。这便是娇兰化妆品的开端。1870 年，娇兰品牌发明了

制作棍状口红的蜡

• 巴西棕榈蜡

巴西棕榈蜡提取自巴西东北部地区出产的棕榈树（*Copernicia cerifera*）嫩绿的叶子。

它通常和蜂蜡混合，因其熔点很高而有极好的成膜性。

• 含羞草蜡

含羞草蜡提取自线叶金合欢（*Acacia decurrens*）的花朵。它可以增加产品在皮肤上的持久性，并能够通过形成一层保护膜而起到保湿效果。

• 稻糠蜡

稻糠蜡源自稻米（*Oryza sativa*）的外壳和胚芽。

稻糠蜡含有脂肪酸，这使它成为一种摸起来很柔和并富有营养的原材料。因为它的成膜性，可以防止皮肤水分的流失。

管状的口红开启了一场革命。

第一款管状口红，“勿忘我”（Ne m’oubliez pas），开启了一场革命。这款口红以蜡为原料，添加了提取自植物的香精和颜料。它名副其实，并且十分高端，它的口红管有一个装置，可以把口红旋转出来。

让我们在时间长河中迈出一大步，来到 20 世纪初以及第一次世界大战之时。此时男人们在前线，女人们抬起了头，她们解放了自己，口红的使用普及到了所有阶层。并且，女性也开始抽烟了！“红色之吻”（Rouge Baiser）这款口红外形便像一个打火机。用来点燃谁呢？最美的象征无疑是 1912 年游行在第五大道上的两万纽约女性嘴上的那抹红色，她们在 50 万人面前，传达她们对选举权的呼喊——这份权利直到 1919 年战争结束后她们才获得。

皱纹，跨越千年的问题

古时的埃及人就已经开始担忧皱纹的事情了。在《埃伯斯纸莎草书》中记载了最早的虚假广告，它声称可以通过一种“已经被使用过一百万次”的葫芦巴籽油“来把一位老者变成一个年轻人”。奥古斯特·德拜（Auguste Debay）在他 1875 年出版的《脸部和皮肤的医药卫生》一书中，指出了颇为有趣的关于皱纹产生的原因：“肌肉的抽搐或坏习惯，因为强烈的光线、持续的愉悦或悲伤而引起的面部肌肉的收缩，最终会在面部留下不正常的褶皱和条纹，伤及美貌。”德拜提供了预防和淡化皱纹的配方，比如对于因为长期运动额头肌肉的坏习惯而在额头上长了皱纹的年轻人，要想去掉这些皱纹，可以把新布做成的头带浸泡在一半酒一半蛋白制成的液体里，在睡前把头带绑在额头上，要持之以恒，直到额上的皱纹消失。或者把塔夫绸剪成带状，加上西黄蓍胶，先捏夹皱纹，再用两指拉伸皱纹直到使褶皱消失，同时用另一只手把绸带横在皱纹中央，使得皱纹一直处于拉伸状态，每晚睡前进行。

皱纹，需要早早就着手预防。

牙齿

保护牙齿

保护牙齿早在数千年前就开始了。随着居所的固定，新石器时代人类的饮食发生了变化，开始食用谷物磨成的粉，也就是说，有了糖分！龋齿以及牙痛随之而来，当时由于缺乏脓肿治疗的经验，甚至可能导致死亡。在所有大陆，人们试图清理牙齿，主要采用的是植物材料。

在一份公元前4世纪的古埃及手稿中，人们找到了最早的关于类似牙膏的物质的记载。这是一种咀嚼剂，里面含有炭粉、白垩、椰枣的果肉、豆蔻的种子，它们被混合在阿拉伯树胶中。人们先咀嚼这种膏，然后再吐掉。这膏被视作具有清洁和除菌的效果。

牙膏的史诗：对抗断齿和口臭

古希腊和古罗马人也关注自己的牙齿健康。古罗马人发明了刷牙剂，*dentifricium*，其中*frico*指“刷”，*dentis*指“牙齿”。这种膏剂由碳酸钙、茴香籽、豆蔻和其他各种原料组成。公元前1世纪的医生塞尔修斯建议在用牙签剔牙后，再使用一种由玫瑰叶碎片、没食子和没药组成的混合物。

17世纪时，对卫生的迷恋开启了一场清洁牙齿产品的变革。那时，人们喜爱食用*opiat*——一种已经存在了几个世纪的以蜂蜜为原料的软糖制剂，于是龋齿的烦恼接踵而至。最为流行的清洗、美白牙齿以及保持口

刷牙粉被使用了几千年。如今，它们仍有追随者。牙膏的使用要晚很多。第一支软管牙膏在1896年由高露洁公司在纽约推出。

气清新的方法是使用刷牙粉。刷牙粉存在着不同的配方，大多含有可以带来紫罗兰香味的鸢尾花粉末、没药粉末、丁香粉末、可以杀菌的小白菊粉末、刚在南美洲发现的可以消毒的金鸡纳树皮粉末等，将这些粉末与诸如白垩或炭等磨料混合即可。最早的膏状牙膏在19世纪开始在市场上出售，但直到第一次世界大战前，还是刷牙粉更深入人心。

牙刷的历险

为了美白牙齿和坚固牙龈，古埃及人使用一种长约15厘米的小棍子，它由一种整个中东地区盛产的小灌木——刺茉树（*Salvadora persica*）——制成。刺茉树，或者叫siwak、souak或miswak，如今仍在被使用。在把它用水浸泡过，或者嚼软其中的一端后，就可以得到一束木材纤维，一把天然的牙刷。《古兰经》向穆斯林推荐这种灌木，先知建议人们每天用刺茉树刷牙，尤其是在早上醒来之后、在祈祷前的沐浴之时、在背诵《古兰经》之前、在睡觉之前、在进屋之时、当嘴里有异味之时。最近的科学研究表明，这种延续了数千年的传统是有道理的，刺茉树比我们今天的牙刷和牙膏更为有效。

用来刷牙的树根

在中美洲的乡间，人们采用一种半灌木植物——刺球果（krameria）来刷牙。人们把它切割

我们现在使用的牙刷是晚近时期才发明的，对口腔卫生的宣传也是现代的产物。

口气还好吗？

古罗马的医生推荐当时的人们每天早上用尿液漱口。最受推崇的尿液来自西班牙，它们被装在雪花大理石制成的罐子里。在法国，直到17世纪，这种漱口方式依然存在，牙科医生之父福查尔（Fauchard）也向人们推荐它，并强调尿液除垢和收敛的功效。

成长条形。它的西班牙语名字 raiz para los dientes，正是这个意思：用来刷牙的树根。秘鲁仍然继续种植这种植物，把它作为植物刷牙剂。直到 20 世纪初期，人们都大量使用植物纤维刷牙，比如蜀葵、锦葵、苜蓿、辣根菜等植物的根，或是椴树树枝。我们现在熟知的牙刷最早出现在公元 1500 年左右的中国。它由家猪或者野猪的鬃毛制成，固定在竹子或者更奢侈的象牙做成的手柄上。中国的商人和旅行者把这种牙刷带到了欧洲，18 世纪时，它便出现在了路易十五的宫廷内。这种牙刷一直作为奢侈品存在，直到 19 世纪初才纳入工业化生产。仅仅在 1938 年前后，杜邦公司（Dupont-de-Nemours）就发明了用尼龙制成的合成刷子，之后，牙刷才进入平民家庭。

“牙刷树”刺球果（krameria triandra）。

体毛

一个关于脱毛的问题

这是一个小东西，但它引发的问题却一直存在于不同文明中。所有文明都试图让体毛，这个象征着动物性和不洁的东西远离自身，力图制服它或者除掉它。公元前 2000 年美索不达米亚平原上的人们，使用青铜材质的除毛镊子和一种由蜂蜡、水、蜂蜜和柠檬制成的脱毛膏来去除体毛。在古埃及，法老及其妻子、男女祭司和大部分属于贵族阶级的人会去除

在刮胡子流行之前，人们使用各种树胶，例如提取自落叶松的威尼斯松脂，来除去胡须。

全身的体毛。在稍晚的古希腊和古罗马时代，男人和女人们使用 poix 除毛，这是一种通过对含有树脂的木材进行蒸馏而提取的沥青。它本来用于涂抹尖底瓮，以使之不渗水。对于去体毛，人们还有更简便的方法：利用烧烫的核桃壳来“烧掉”体毛。

脱毛产品

古罗马帝国的覆灭也带走了脱毛的时尚，体毛在西方又逐渐获得了青睐，直到第一波归来的十字军（又是他们！）使人们重新拾起盆浴和脱毛——主要是去除女性面部的绒毛（文艺复兴时期也会除掉阴毛）——的习俗。人们使用树脂除毛，例如威尼斯松脂，这是一种从落叶松中自然流出的透明而黏稠的树脂，直到 19 世纪仍被使用。

除了植物的脱毛剂，还存在着各种各样的混合制剂，有的十分奇特，例如以灼烧过的水蛭或鼹鼠为原料，配以灰烬；或者是对皮肤具有腐蚀性的物质，如石灰；甚至是有毒的物质，比如砒霜。直到 20 世纪初，人们依旧使用这些材料，不过此时，由于在各个阶层都流行起了日光浴，随着身体的暴露，去掉小腿、比基尼部位和腋下的体毛的需求越来越旺盛，为此美容品的生产商竞相展开想象，投入制造脱毛产品的战场。

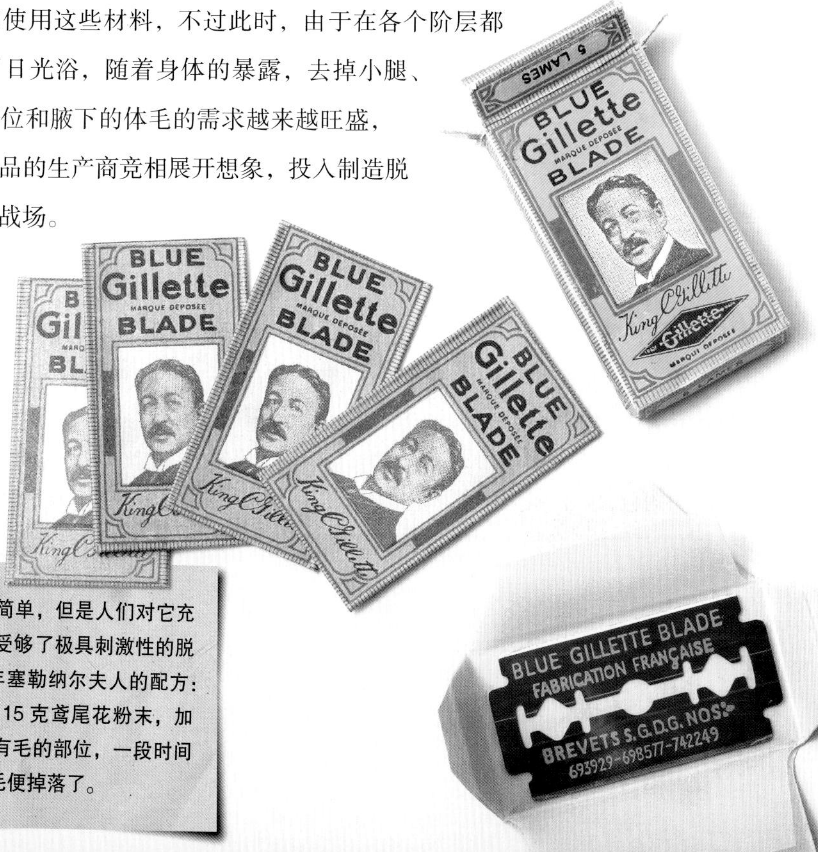

刀片虽然十分简单，但是人们对它充满感激，因为大家受够了极具刺激性的脱毛剂。例如 1832 年塞勒纳尔夫人的配方：取 115 克生石灰和 15 克鸢尾花粉末，加入玫瑰水后涂抹至有毛的部位，一段时间后擦拭该部位，体毛便掉落了。

美容植物介绍

Ma grand-mère le faisait

祖母配方

恢复气色的面膜：压碎三个去核的成熟的杏子，添加少许甜杏仁油，在脸上敷 20 分钟后洗净。

杏

prunus armeniaca– 蔷薇科

环球旅行者

美容功效：可以使肌肤顺滑、滋润，因富含维生素 A 和 E 而能促进肌肤再生

适应证：使憔悴、暗淡、疲劳的肌肤恢复光泽

使用部分：果核的种仁

{ 植物学知识 }

杏树高约 3—5 米，树干为棕黑色，椭圆形互生叶，有锯齿状叶缘。• 白色花朵，先开花后长叶。• 果实为橘黄色核果。• 杏树喜欢温暖气候，在地中海气候地区生长繁荣，但是也能适应法国北部地区的气候。

关于词源

经过了长期演变之后，“杏子”（abricot）一词于 1512 年出现在法文词典中。最早，杏子在拉丁文中写作 *praecoquum*，意为“早熟的”，暗指杏树开花极早。它在希腊语中演变为 *praikokion*，在阿拉伯语中为 *al-barqûq*，意为“早熟的水果”。在阿拉伯人入侵伊比利亚半岛的时候（公元 8 世纪时。——译注），他们也将这个词带了过来，之后演变成了卡斯蒂利亚语中的 *albaricoque*，再后来被引入到法语中。这说明，早在五个世纪前，法国就从西班牙进口水果了……

这款甜杏仁油并不是来自扁桃树的果实，而是杏树果实的种仁。

罕萨河谷地区居民关于美貌的秘密

人们从杏的果核的种仁中提取出一种浅黄色的、较稀的油，带有轻轻的苦杏仁的气味。杏仁油富含必需脂肪酸，尤其是亚油酸，以及维生素 A 和 E。因此美容领域特别钟爱它促进新生的功效。杏仁油非常温和，可以使用在敏感的肌肤上，以及孩子的肌肤上。

20 世纪 50 年代，一位年轻的美国人，马尔福特·J.

诺布斯（Mulford J. Nobbs）在前往喜马拉雅山脉罕萨河谷的远征过程中发现了杏仁油的功效。这个河谷中的人们以永葆青春著称，而诺布斯想揭开他们的秘密。在当地，他发现罕萨地区人们的生活习惯远比西方人的好得多：不抽烟，不喝酒，早睡早起，饮食均衡，呼吸着新鲜而未被污染的空气。最让他吃惊的是罕萨居民的身体条件：他们的生活环境十分艰苦，气候恶劣，但是他们的皮肤光滑，没有皲裂，没有皱纹，比实际年龄看起来年轻许多！原因便是杏子。这个富含维生素的果实从里到外，一年四季都被罕萨的居民利用。夏天吃新鲜水果，冬天吃干果，用从杏仁中榨取的油来涂抹脸和手以保护皮肤。回到加利福尼亚之后，诺布斯决定把杏仁的功效介绍给全世界的女性，创办了纽资美缇公司（Nutrimetics），取“营养”（nutrition）与“美容”（cosmetics）之意。他认为健康和美貌是相互依存的，开创了一个新的理念，开发了一系列结合了美容品与保健品的产品。纽资美缇公司开发的第一款产品，营养杏仁油（Nutri-Rich Oil）已经成了美容品历史上的一个传奇。

甜杏仁油配上 Razbien 这样的名字［广告是一款剃须膏，Razbien 与 rase bien（剃须效果好）同音。——译注］，立刻让人对之充满信任。

土拨鼠油

土拨鼠油与我们山中抢人巧克力的小动物没有任何关系。它来自布里康杏（*Prunus brigantium*），一种布里扬松及其周边地区特有的、受保护的树木。这种树木又称 affatchoulier、marmotier 或 abrignon。它的果实为黄色，果肉有涩味，其种仁提取的油名为 abrignon 油，又称土拨鼠油。这种油无色、温和、略带苦味、具有香气，可作为食用油使用或做药用。土拨鼠油与从土拨鼠皮下获取的土拨鼠脂肪不同，后者有时候也被称为土拨鼠油（因此可能引起混淆），用于治疗肌肉疼痛。

Ma grand-mère le faisait

祖母配方

治疗胸肩部位的痤疮：用一把蓍草的花和半升水混合制成爽肤水。

西洋蓍草

Achillea millefolium– 菊科

植物敷料

美容功效：修复、愈合伤口
适应证：治疗痤疮、发炎或受损的皮肤，脱皮性皮疹
使用部分：花

{ **植物学知识** }

多年生植物，因土壤不同可生长至 20 — 80 厘米高。• 互生叶，有极细的大量分叉，故法语称之为“千叶蓍草”。• 花为白色或淡粉色，6 至 10 月开花，呈圆盘形聚集在茎的顶端。

从特洛伊到凡尔登

西洋蓍草拥有各种诨名，比如“军人草”“割伤草”“木匠草”等，这些名字揭示了它的传统治疗性用途，尤其是治疗割伤和其他皮肤疾病。使用西洋蓍草有着很长的历史。古希腊英雄，脾气急躁的阿喀琉斯，听从了半人马喀戎的建议，用西洋蓍草来治疗他在特洛伊战场上受伤的同伴们。据说在中世纪，骑士们的“急救布囊”中装着一袋西洋蓍草。在美国南北战争时期，它作为一种敷料被用来治疗轻伤，在乡间打仗的士兵可以轻易获得。第一次世界大战时期的一位护士肯定了这一说法，他报告说自己因为缺乏药品，所以用西洋蓍草治疗了数十名法国兵。

阴和阳

西洋蓍草原产自中欧地区，但却凭一己之力散布到了全球的所有温带地区。很早之前，尼安德特人便已经重视西洋蓍草的功效了；在其他地区，人们还发明了它独特的使用方式。例如公元前 7000 年的中国，用蓍草来进行占卜，这便是《易经》的前身。占卜师取 50 根蓍草的茎，拿

极低的袒胸低领

我们的祖辈们用蓍草花制成汤剂为皮肤消炎，去除脸上的痤疮和皮疹。将这种汤剂涂在胸肩部位，能够有效地使皮肤更加细嫩。如今人们使用通过蒸馏而得到蓍草花精油。100 千克蓍草花大约能提取 450 克精油。

出一根不用，然后将余下的蓍草随意分开三次，计算剩下的根数，重复以上操作六次，便得到一卦（法文原文有误，具体操作应为，将 49 根蓍草随意分开到左右两边，从右边取一根放到左手两指中夹住，然后以四根为一组数右边的蓍草，将余下的四根或四根以下夹在左手两指之间，以同样方式数左边的蓍草并夹住余下的部分，最终余下的蓍草，即右边最早取出的与左右边分组剩下的合起来必然是九根或五根，此为第一变。将第一次余下的蓍草去掉，用剩下的 40 或 44 根蓍草重复此操作，余下八根或四根，此为第二变。同理进行第三变。三变后，根据每次所变余数的多少情况，推算出八卦最下方的第一爻。同样的操作再进行五次，便可得到八卦的六爻。——译注）。人们再根据《易经》以及当时的局势，对算出的八卦进行解读，以确定吉凶和应采取的措施。

啊，让这个走运的加斯东拜倒（明信片上写着"加斯东，我想你"。——译注），**可不能这么做！**

帽子和酒桶

在爱尔兰，人们也认为西洋蓍草具有魔力。盖耳人的巫师用蓍草做成一种名叫 *cappeen d'Yarrag* 的帽子，以此来获得飞行的能力。法国人更加实用主义一些，他们利用蓍草滋补、助消化与解除痉挛的功效，将这种可食用的植物添加到啤酒中，并借此增加啤酒的芳香。蓍草因此成了啤酒花的替代品。人们也把蓍草种子放在酒桶中来保证葡萄酒的存放。这比硫黄可要"有机"多了，不是吗？整个西洋蓍草也可作为调味品使用，代替桂皮或者肉豆蔻。

历史可没说阿喀琉斯有没有用蓍草来治疗他的脚踵（根据古希腊传说，阿喀琉斯的母亲在他出生后提住他的脚踵，把他放入冥河中浸泡，使他日后刀枪不入，但因为脚踵没有沾水而成为致命弱点，阿喀琉斯最终在特洛伊战争中脚踵中箭而死。——译注）。

Styrax bezoin 这种安息香树与苯和制香业密切相关。

Ma grand-mère le faisait

祖母配方

想为美容霜增添香气，可以加入一些暹罗的安息香。

安息香

Styrax officinalis– 野茉莉科

绝对的修复剂

美容功效：使伤口愈合，抗菌，平复；使皮肤柔嫩、保湿，增加弹性

适应证：皮肤干燥、皲裂、发炎，作为修复的霜或软膏使用，灭菌和保护手脚皮肤，有问题或有痤疮的肌肤

使用部分：树脂

{ 植物学知识 }

荆棘状的灌木，可长到5—7米高，枝丫众多，落叶木，互生叶，叶片上面为绿色，下面发白有茸毛，叶片边缘有锯齿，树皮色灰而光滑。• 白色下垂小花，生长在枝丫顶端，5—6月开花，花落后留下2厘米左右大小的球状白绿色核果，种子色棕、光滑，质地极硬。

舞台上的安息香

“这些该死的女人们，我想她们要用她们的软膏让我破产。我到处都只能看到蛋白、乳液和成百上千种我都不知道是什么的玩意儿。”

（莫里哀，《可笑的女才子》，第三场，1659年）

男性器官和修道士

南欧安息香树是具有180多个分支的野茉莉科植物在欧洲的唯一代表。它由古罗马的哈德良皇帝从叙利亚引进，随后，地中海东面的沿海地区都出现了它的身影。安息香树在法国是受保护植物，只生长在瓦尔省的嘉博河谷（Gapeau）。在这个南部地区，安息香有了自己的俗名aliboufier。这个名字来自普罗旺斯，皮埃尔·列塔其（Pierre Lieutaghi）在他的《地中海地区人种学》一书中进一步缩小范围，认为它来自马赛，在那里，*alibofi* 意指睾丸。男性器官和安息香这两个单词之间的关系，就像是鸡与蛋的关系，很难说谁先于谁产生。不过可以肯定的是，它们的形状是一样的。

据普林尼的记载，阿拉伯人在收割乳香之前，用安息香把蛇从有香气的丛林里驱逐出去。不过，安息香很快因其树皮渗出汁液，即 *storax* 的药用价值而备受瞩目。瓦尔省的蒙特里约查尔特勒修道院的修士，大约从他们建院的12世纪开始，就一直在收集这种汁液。他们把它制成一种名为“修士软膏”的油膏，它具有帮助愈合的功效。修士们也用安息香代替乳香，在教堂内使用。安息香树材

质坚硬的种子被用来做成一种念珠，名为“查尔特勒念珠”。南欧安息香树在这个查尔特勒修道院周围的树林里大量生长，其树脂具有很浓的香气，提取自树干切开后流出的汁液。汁液刚流出时是白色的，在接触到空气后变得黏稠，在三个月后人们前来收集时，它已经成为褐色。

在蒙特里约的查尔特勒修道院的高墙背后，修士们尽最大可能地从安息香树身上获利。这种植物在嘉博河谷大量生长。

Styrax，storax以及benjoin

从南欧安息香树（*Styrax officinalis*）提取的树脂名为 *storax*，而其他类型的安息香树产出的树脂则被称作 *benjoin*。后者主要分为由原产自印度尼西亚的安息香树（*Styrax benzoin*）制成的苏门答腊深灰色安息香，和由原产自东南亚的越南安息香树（*Styrax tonkinensis*）制成的暹罗安息香或老挝安息香。*benjoin* 一词来自阿拉伯语的 *lubàn jàwë*，意为“爪哇的乳香”，它在 13 世纪的加泰罗尼亚语和意大利语中演变为 *benjui*，它是“苯”（benzène）这个单词的词源。

苏门答腊安息香富含苯甲酸并带有少许香草醛，制香业常用它来做香水的固定剂，例如娇兰的“一千零一夜”（Shalimar）这一款香水。如今，人们采用一种挥发性溶剂（正己烷）从安息香树脂中提取一种纯安息香。在去掉溶剂后，这种高纯度的黏稠液体不溶于脂肪，可作为乳剂添加到洗发水或身体乳中。

暹罗安息香提取自越南安息香树（*Styrax tonkiensis*），也为室内增添了香气：它是亚美尼亚香纸的原料之一。

纯洁乳液

在流行白皙肌肤的年代，安息香是一款名为“纯洁乳液”（lait virginal）的产品的原料之一。为制作这款乳液，需要把安息香的酒精浸剂倒入水中，以获得一种白色液体。人们将它涂在脸上来保持气色清新。但事实上，这种乳液形成了一种树脂层，或者说一层釉，它虽能使皮肤具有光泽，却会阻塞毛孔，使皮肤干燥，后果十分严重。

祖母配方

制作适合所有肌肤的卸妆乳液：把7大勺芦荟液和6大勺全脂牛奶混合，添入一点薰衣草水来增加香气。

费拉芦荟

Aloe barbadensis, Miller 或 *Aloe vera*— 黄脂木科

从苏美尔到阿波罗十一号：普世的药方

美容功效：镇痛，舒缓，愈合伤口；使皮肤柔嫩、保湿、滋润、收敛、增加弹性，使皮肤紧致、洁净，去除异味

适应证：适合所有皮肤和所有问题！

使用部分：叶片中的芦荟肉

{ 植物学知识 }

多年生肉质植物，肉质叶修长而易碎，叶片围绕高约60—90厘米的坚韧茎干生长，呈莲座状。• 叶片为翠绿色，外围叶片可长至50厘米长，叶片边缘有2毫米长的锯齿。• 黄色管状小花成串围绕在1—3个花梗周围，在旱季可长至1米高。• 果实为蒴果，有3条纵向裂口，内有大量带有棱角的种子。

神奇的胶

世界上存在着超过300种芦荟，其中15种因为它们的药用价值而闻名，最普遍使用的是 *Aloe barbadensis* 芦荟（米勒命名法），也就是人们熟知的费拉芦荟（*Aloe vera*）。费拉芦荟原产自北非和阿拉伯半岛，它的宝藏埋藏在叶片中间：芦荟肉呈半透明的无色胶状，深受美容业和皮肤病治疗业的喜爱。芦荟胶富含维生素、微量元素、酶和氨基酸，这使芦荟具备极强的生命力，并且使叶片只会蒸发极少水分，从而在干旱季节能有效储存水分和营养物质。如果一个叶片断了，它几乎能立刻愈合。断面流出的胶体能够形成一层保护膜，并且很快就变得坚固，使得伤口几乎消失不见。费拉芦荟的胶体在人的皮肤上也能发挥类似的功效。

历史上和不同文化中芦荟的别名

几乎所有文明都发现并利用了费拉芦荟的这些功效，并且给这个植物取了各种吉利的名字，从苏美尔人到征服月球的现代人：在1969年登陆月球的阿波罗十一号上，

药物箱内便有以芦荟为原料的一种治疗烧伤的油膏。

稍稍晚于使用黏土书版的苏美尔人，古代中国人在《神农本草经》中也记载了芦荟。《神农本草经》是最古老的记录药用植物的书籍之一，距今已有四千年历史。16 世纪的中国人将芦荟称为“和谐之药”。古埃及人把芦荟叫作“永生草”，他们在制作木乃伊的时候会使用芦荟，并将它栽种在通往陵墓道路的两侧。芦荟开花便象征着亡者已经幸福地到达了彼岸。

在芦荟肉周围包裹着芦荟的真皮，里面流淌着一种苦涩的红色汁液（芦荟血），人们正是用它来制作各种药品。

《新约》与《旧约》的很多章节也提到了芦荟。希伯来人认为芦荟是一种“神赐的药物”。在其他文化中也能找到大量关于芦荟的故事和传说，如古希腊文化、古罗马文化、伊斯兰文化、图瓦雷克人和贝都因人文化、印度文化等。在十字军东征时期

在“圣玛利亚号”上，医生被装于花盆里。

装在花盆里的医生

因为没有罐装的费拉芦荟药品，哥伦布便把芦荟养在花盆里带走。多亏了这个植物，“圣玛利亚号”“尼尼亚号”和“平塔号”上生病或营养不良的西班牙水手部分得以获救。哥伦布因此称芦荟为“花盆里的医生”。

此后，西班牙人在航海时总会带上芦荟，以防止坏血病，随行的耶稣会士都有文化，并且是医生，他们负责在目的地寻找芦荟，如果没有的话，则鼓励在当地种植。因此，哥伦布、西班牙殖民者和耶稣会的传教士促使芦荟为更多人认识和使用，并且也促成了这种植物在新大陆的种植。

甘地也宣传芦荟的好处。在他绝食期间，芦荟提供了重要支持。

以及文艺复兴之后，西方世界对芦荟的记载可以单独写成一本书……

保存的问题

芦荟的最大问题在于，芦荟液只有在新鲜的时候才有效。然而，人们不可能随时随地采用新鲜芦荟叶来制作膏剂，尤其在不生产芦荟的地方。工业化生产要求人们找到尽最大可能使芦荟商业化的方法，并且不仅要让消费者，还要让美容品公司的股东们获得最大的好处。费拉芦荟的叶片有 150 多种活性成分，其组成方式复杂，很难在实验室里对它们进行还原。最主要的成分是芦荟素，它在 1851 年被成功地分离出来，在很长时间内，它都是被西方医学正式承认的唯一有效成分，具有帮助消化的功能（健胃、利胆和通便）。

从 20 世纪 30 年代开始，科学家开展了很多研究，以期找到芦荟的其他有效成分，来揭示为什么这种植物的汁液和叶片有如此多的功效。1938 年，肖匹亚（Chopia）和格施（Gosh）分离出了芦荟的多个有效成分。

1942 年，斯托克腾（Stockton）找到了使芦荟液稳定的方法。1959 年，科奥茨（Coats）成功地通过一种自

关于原子弹的趣闻

在美国，科学家们发现，在广岛和长崎幸存的人，很多都曾经使用费拉芦荟来护理皮肤，并且喝过芦荟液，这让芦荟获得了巨大成功。在如此大规模的原子弹灾难后，日本得皮肤癌的人数少于预测数据。

然流程使新鲜芦荟肉稳定。其他的方法相继被找到，20 世纪 60 至 70 年代，诞生了第一个以费拉芦荟为原料的美容品配方，它在很大程度上借鉴了皮肤病学已经使用过的处方。芦荟肉是上等的美容原料，它的 pH 值在 5 左右，与正常皮肤的 pH 值非常接近，能有效平衡紊乱的 pH 值（碱性的清洁用品很容易打破 pH 值的平衡）。

面对剃须后的灼烧感，也有各种含有芦荟的缓解产品。

芦荟肉也能够保湿和滋润皮肤，它含有的蛋白分解酶可以去除表面上的死细胞，促进真皮内的成纤维细胞的生长，这种细胞能生成胶原蛋白，可以使皮肤紧致，并有效放缓肌肤老化的进程。最后，芦荟肉是天然的除异味剂，因为它含有杀菌功能，能够消除产生异味的皮肤上的细菌。

要想获得柔软、滑嫩、紧致的肌肤，要想气色好，看起来有精神，要想获得健康的头皮和坚韧、柔顺且光亮的秀发，那么，用芦荟吧！

技术层面

人们割下新鲜的芦荟叶后，对它们进行数次清洗，并剪去叶片边缘的锯齿，然后放到提取器中，通过施加轻微的压力，使芦荟肉从叶片中分离出来。从提取器中取出芦荟肉后，则立刻添加中和酶的成分（这些酶在接触空气后会使芦荟肉氧化），它能使芦荟肉稳定，同时不破坏这些酶，因为它是芦荟肉发挥功效的关键。由于它能带来巨大的商业利益，稳定芦荟肉的配方是商业机密。

祖母配方

舒缓皮肤的滋润乳液：将2大勺的甜杏仁油和1小勺洋甘菊茶混合。

扁桃（巴旦木）

Prunus amygdalis– 蔷薇科

高档糖衣杏仁

美容功效：使皮肤柔软、滋润、保湿
适应证：脆弱或干燥的皮肤，妊娠纹
使用部分：果实

{ 植物学知识 }

落叶木，可长至6—12米高。• 叶片为矛尖形，叶缘具有很细的锯齿。• 花为白色，有5瓣花瓣，雄蕊众多，2—3月开花，先开花后长叶。• 果实为核果，椭圆形，呈浅绿色或浅褐色，长满茸毛，果核的外壳较厚（扁桃仁）。

环球旅行

古罗马人把扁桃树称作“希腊核桃”。我们可以想见他们是从哪里找到的扁桃树，并把它们栽种在意大利的靴形半岛上。不过，扁桃树的原产地是中亚高原，它们到希腊时已经旅行了好一程了。波斯人和中国人栽种扁桃树的历史长达数千年。如果说古罗马人为属于高卢的地中海地区“点缀”了一些扁桃树，直到812年，也就是查理大帝统治的最后时期，扁桃树才在帝国的土地上被正式栽种，而它们真正意义上的大规模种植则要等到17世纪奥利维埃·德·塞尔（Olivier de Serres）提出建议之后。

在世界其他地方，则不得不提西班牙方济各会的修士们，18世纪他们在新大陆传播福音的时候，把扁桃树引进到了加利福尼亚地区。那时他们不曾想到，两个世纪后，这个州会成为世界上最大的扁桃产地。

杏仁奶油先从手套开始，然后以甜品结束。不过这不是我们的主题。杏仁奶油万岁！

从盖伦蜡膏药到冷霜

人们从甜扁桃仁的种子中能提取一种浅色的味道细腻的油。扁桃仁里含有大量的这种油，含量从 50% 到 65% 不等。它最常见的用法要么是在餐桌上作为调味料，要么是用在婴儿的屁股或其他娇嫩的肌肤上。甜杏仁油（实为扁桃仁油，此处采用中文美容品业的常用称呼。——译注）富含欧米伽 9 和欧米伽 6 脂肪酸。盖伦蜡膏药是采用了甜杏仁油最古老的配方，它的名字来自古希腊医生盖伦（131—201），据说是他发明了这种蜡膏药。盖伦蜡膏药又叫白蜡膏药或扁桃蜡膏药，由蜂蜡、甜杏仁油和玫瑰花水性蒸馏物构成。因为它能够促进伤口的愈合，最早被用来治疗皮肤病。自然而然地它也被用在了美容领域，尤其因为它有极佳的滋润功能。19 世纪时，这个配方经过改进，用于生产名为“冷霜”（cold cream）的美容品，后者里面添加了其他原料，比如安息香酊（参见安息香一节）。

英国人特别喜爱冷霜。虽然名为冷霜，但它和抵抗寒冷没有任何关系，因为最早冷霜能带来凉爽的感觉，所以才获得了这个名字。虽然它穿过了英吉利海峡，但法国人保留了冷霜的英文称呼。

冷霜深受英国人喜爱，它能产生清爽的感觉，很多美容品中都有它的身影。

杏仁奶油（frangipane）：元帅的手套

杏仁奶油的名字来源于蓬佩奥·弗朗吉班尼（Pompeo Frangipani），法王路易十三时期的大元帅。据说他发明了一种以扁桃仁为原料的香水，它能够掩盖他的手套和皮靴上皮革的味道。弗朗吉班尼香水大为流行，尤其针对手套。元帅的甜点师以此为灵感，发明了以扁桃仁为原料的弗朗吉班尼奶油。

甜味与苦味

苦扁桃树

prunus amygdalus var. *amara*

苦扁桃树的种子含有扁桃苷（苦杏仁苷），一种含氰葡萄糖苷。这种物质在消化过程中能产生氢氰酸或氰化物。过量食用扁桃仁，即 50 来颗，能杀死一名成年人。迪奥斯科里德斯（古罗马时期的希腊医生与药理学家，生活在公元 1 世纪。——译注）记载了人们如何用苦扁桃仁毒杀狐狸。苦杏仁油被用于农产品加工业、药品制造业以及烹饪美食。

甜扁桃树

prunus amygdalus var. *dulcis*

人们日常食用的干果是甜扁桃树的种子，它有着不同的类型。通过冷榨甜扁桃仁能得到甜杏仁油，它被用于制造药品、美容品，也用于烹饪美食。

Ma grand-mère le faisait

祖母配方

在重要约会的前几天，可以早晚用摩洛哥坚果油按摩脸部，以快速淡化皱纹。

摩洛哥坚果

Argania spinosa L.– 山榄科

摩洛哥黄金

美容功效：抗氧化，抗衰老，滋润，使皮肤柔嫩，祛除疤痕
适应证：干燥或脱水的皮肤，失去活力的皮肤，成熟性皮肤，痤疮留下的疤痕
使用部分：果核内的种仁

摩洛哥特有的“铁木”

摩洛哥坚果树是摩洛哥苏斯这一干燥地区特有的物种。它的根系大小是它地面上部分的五倍，使它可以在深达 20 米的土下汲取水分。除了地下这不可获取的水分，从加纳利群岛而来的冷风所带来的清晨的雾气和露水补充了湿气，使得摩洛哥坚果树能够忍受夏天超过 50 摄氏度的高温。在耐寒方面，它只能承受数天的轻微冰冻，但它却能在海拔 1500 米的地方存活。

这种形似橄榄树的植物在第三纪就已经诞生了，在这个地质时期，非洲大陆和马德拉岛还是相连的，这或许解释了为什么摩洛哥坚果树和马德拉岛上的一种特有植物 *Sideroxylon marmulano* 有亲缘关系。这两种植物都只存在于当地，都有非常坚硬和密度很高的树枝。卡尔·冯·林奈最早将摩洛哥坚果树命名为 *Sideroxylon spinosum*，取自希腊语 *sider*，意为“铁”，*xylon*，意为“木”。人们能用摩洛哥坚果树的木材制作农业用具，例如犁，或者锁、门以及屋架等。

{ 植物学知识 }

带荆棘的树木（*spinosa* 这一种加词的由来），很少能超过 10 米高。• 鳞状树皮，树枝坚韧，单叶细长，为深绿色，常绿植物。• 白色小花在枝丫尖端开放，花落后留下橄榄或李子大小的坚果。坚果内有一部分具有肉质，即酸味的果皮，里面的果核坚硬，包裹着富含油分的种仁。

生态系统

摩洛哥坚果树是摩洛哥特有的生意。

曾经有过很多移栽摩洛哥坚果树的尝试，它们通通都失败了。摩洛哥坚果树始终都将是摩洛哥的特产，这对于当地人来说也许并不是什么坏事。这种植物在当地的家庭经济中扮演了极为重要的角色，它也是当地生态系统的基础。

摩洛哥坚果树产出的油能够喂养一家人，树木也能喂饱山羊。山羊尤其喜欢这种树的树叶，会爬到极高的树枝甚至是树顶上吃。山羊粪便所产生的肥料使土地肥沃，滋养树木，而后者又能为其他栽种的植物提供阴凉。

摩洛哥坚果树几乎不再靠种子进行自然繁衍，因为人们会把种子收走。它的栽种主要依靠树干上长出的新枝，人们会小心翼翼地摘取新枝，再将它移栽到其他地方。

对手指不太友好

摩洛哥坚果油的生产依然采用传统方式。生产需要不同步骤，都是由女性来完成的，为此她们能获得一些收入。首先，需要把种仁从果实中取出来，当数量巨大的时候，这也是一项浩大的工程。以前，山羊、绵羊或者骆驼会吃掉果实，果肉会被消化，而果核会随着粪便排出体外。但是现在，一切都要快速进行，不可能再等这些牲畜慢慢消化果实了。因此要用机械方式去掉果肉，即利用两块石头。果核被取出后，人们将果核捣碎取出种仁。这个步骤也是靠两块石头进行，更加枯燥，因为需要对准两半果核之间的裂纹。

机械化

2002 年摩洛哥的一项研究表明，生产摩洛哥坚果油所花费的 85% 的时间都集中在去除果肉和碾压上。辛苦的工序让越来越多的年轻女性不想参与该项工作，而是期待报酬更高的工种。

这项研究的结论呼吁将生产工作机械化，设计去果肉机 – 筛选机，采用榨油机来压榨和搅拌。研究还表明，机械压榨的油比传统手工制作的油，更能长时间保存。

产出量少

要生产可供食用的摩洛哥坚果油，需要把种仁放在

摩洛哥坚果树能长成壮观的、覆盖面积宽广的大树。

土制的容器中烘炒，以去除一些不可食用的物质，比如皂苷，如此一来坚果便带有了榛子的味道。随后，人们使用土制的磨盘研磨种仁，压榨出初榨坚果油，并留下褐色的浆液。人们再把这种浆液与温水长时间搅拌，再次压榨出油。

整套工序运作的产出量很少，这解释了为什么摩洛哥坚果油价格昂贵。1 公顷摩洛哥坚果树园一般有 160—300 棵坚果树，坚果树需要很多阳光，因此种植稀疏。1 公顷园地能产出 50 公斤左右种仁，这些种仁在经过 15 个小时的运作后，能榨得 1 升半多一点的坚果油，也就是干种仁的 3% 的重量，新鲜果实的百分之零点几的重量……

余下的废料，也就是榨油后留下的渣饼可用来喂牛。

摩洛哥坚果油具有舒缓作用，因此经常被添加在减轻头屑的头皮护理产品中。

功效与涂在面包上的酱

摩洛哥坚果油颜色发红，因为它的类胡萝卜素含量很高，后者是生成维生素 A 的重要物质。它也富含亚油酸（欧米伽 6）和油酸（欧米伽 9），它们能修复皮肤上的水合脂膜，为细胞提供营养物质，从而防止皮肤干燥，预防皱纹。它还能够淡化痤疮留下的疤痕，减轻炎症。

人们在很早以前就发现了这些功效，并且很快就将摩洛哥坚果油商业化。腓尼基人就已经在摩洛哥南部的大西洋海岸设立了商行，生产摩洛哥坚果油，并利用它的功效。埃及的一名医生，依波·阿勒·拜塔尔（Ibn Al Baythar），在他1219 年写作的《论药草》中也记载了摩洛哥坚果树以及榨取坚果油的技术。2005—2010 年间，专门研究美容品的实验室对摩洛哥坚果油的传统应用，即防干燥和抗衰老非常感兴趣，他们将坚果油加入到了他们的产品中，研制出现在非常流行的系列。

供食用的摩洛哥坚果油非常棒，不但因为它有着细腻的榛子味，还因为它具有降低血胆固醇的功效。

在摩洛哥，市场上有着不同类型的摩洛哥坚果产品：

• Arganium，没有烘焙的摩洛哥坚果的初榨油，用于美容品。

• Arganati，烘焙过的摩洛哥坚果种仁制成的食用油。

• Amlou Beldi，一种用来涂面包的酱，由摩洛哥坚果油、蜂蜜和扁桃仁制成。

摩洛哥坚果油具有修复功能，被添加在美容香皂中。

Ma grand-mère le faisait

祖母配方

修复长时间暴露在阳光下的皮肤，可以将 1 大勺沙棘汁与 1 大勺麦芽油混合，用来轻轻地按摩皮肤。

沙棘

Hippophae rhamnoïdes L.– 胡颓子科

北方的柑橘

美容功效：抗氧化，抗自由基，抗衰老，愈合伤口，舒缓
适应证：抗衰老和促进皮肤新生的治疗，成熟性皮肤，疲惫的肌肤；愈合伤口，皲裂，皮肤病，烧伤；轻微防晒
使用部分：果实

{ **植物学知识** }

荆棘丛状的灌木，有刺，可长至 6—8 米。• 落叶木，叶片呈矛尖形，上侧为深绿色，下侧有银白色光泽。• 花朵颜色发绿，初春时节开放。•9 月结果，果实为橙色浆果，聚集在树枝周围。

有毛皮发亮的马作证

根据传说，宙斯的飞马帕加索斯吃的就是沙棘叶。在古希腊，沙棘是马匹的饲料，它能有效增加马的重量，并使它们的毛皮闪闪发亮。自然地，沙棘获得了 Hippophae 这一属名，在希腊语中，即“毛皮发亮的马”的意思。在自然状态下，沙棘生长在欧洲和亚洲温带地区的贫瘠的砂质土壤中。在法国，我们能在阿尔卑斯山南部看到它们的踪影。法国人在迪朗斯山谷也种植沙棘，不过相比于俄罗斯和中国的大型沙棘园，规模就小多了。当夜间开始结霜后，就可以收获沙棘了。结霜能够促进沙棘果的成熟，使沙棘叶掉落而让采集变得更为方便。

维生素炸弹

在欧洲和亚洲，人们很早就开始食用沙棘果了。西藏的医生现在还用它来治疗皮肤病、消化问题和血液循环障碍。沙棘果的维生素 C 含量十分惊人，为猕猴桃的 5 倍，柠檬的 10 倍，橙子的 30 倍！不仅是果实，沙棘的叶片和种

为食品化妆

家禽如果食用了以沙棘果和沙棘油为原料的饲料，肉质会更加肥美，蛋黄的颜色也会变深。沙棘油也会使虹鳟鱼的肉色更加粉红。

子也富含维生素（C、E、A、F、K、P 和 B 族元素），微量元素（氮、磷、铁、锰、硼、钙等），欧米伽 3，欧米伽 6 脂肪酸和氨基酸。丰富的维生素 A 含量使得沙棘能够在一定程度上防止紫外线的伤害。俄罗斯人给沙棘取名为“西伯利亚的菠萝”，因为它的浆果带有酸味。在航天旅行的初期，宇航员的菜单里就有沙棘果，他们也被建议擦沙棘油，以保护自己不受宇宙射线的伤害。

成吉思汗的灵药

八百年前，蒙古人的最高首领成吉思汗便已经使用沙棘来强身健体了。如今，内蒙古人仍然会使用野生沙棘果做汤，并且靠涂抹沙棘油来对抗漫长而气候恶劣的冬季。

出色的沙棘油

沙棘果的籽儿和果肉里含有油。每 100 克沙棘油中含有高达 200 毫克的维生素 E 和 80 毫克的类胡萝卜素。这些元素很少见，因此也很珍贵。在亚洲和欧洲，医生采用沙棘油制成的药品来治疗烧伤和其他皮肤问题。因富含维生素 A，沙棘油有很强的抗氧化功能，对长期暴露在日光下的人来说，是理想的产品，同时，沙棘油也具有极佳的愈合功能，并能使皮肤柔嫩。沙棘油独一无二的延缓衰老的功效，自然引起了美容品工业的注意，被添加到多款面霜中。在其他护肤产品，如面膜、身体乳和防晒霜的研发中，沙棘油也极具潜力。

皲裂，表皮烧伤？沙棘可以修复肌肤，并重新赋予它光泽。

制作简单的保湿面膜：压碎一个非常成熟的鳄梨的果肉，加入3大勺橄榄油。敷在脸上，保留20分钟后洗掉。

鳄梨（牛油果）

Persea americana Mill. – 樟科

阿兹特克人的油

美容功效：使皮肤柔嫩，保护皮肤，促进皮肤新生，调整皮肤状态，增加活力

适应证：干性或极干性的皮肤，湿疹或银屑病这一类型的皮肤炎症

使用部分：果肉

我被征服了，我喜欢你

看着超市里的货物陈列台，我们会以为鳄梨原产自中东地区。可事实完全不是这样的！鳄梨来自中美洲。玛雅人早在公元前几千年就食用鳄梨了，阿兹特克人为鳄梨取名 *ahuacatl*，意为睾丸，因为它的形状像睾丸。并且，在美洲本土文明中，鳄梨这种神奇的水果被认为可以催情，而鳄梨树的叶子则被当作药物使用。科尔特斯（Cortés）带领的西班牙殖民队把鳄梨称作 *aguacate*，然后更名为 *avocado*，这个名字在穿越了比利牛斯山后变成了法语里的 avocat。

让我们回到中美洲，在这里，鳄梨的果肉被制成油膏，用来涂抹伤口或者缓解胃痛。阿兹特克人也从鳄梨中提取一种食用油，鳄梨可能长期作为他们脂类的主要来源，而他们的食物缺乏脂类。

｛植物学知识｝

可长至10—15米高，树皮为灰色，有裂纹。• 常绿木，互生单叶，叶片为椭圆形，深绿色。• 花朵为白色，略泛黄绿色，组成立起的花束。• 果实为浆果。

令人惊讶的成熟过程

鳄梨在17世纪初期被引入欧洲，长期都是仅供贵族和大资产阶级享用的奢侈品。鳄梨在中美洲有着“穷人的黄油”之誉，但是它走进欧洲的平民阶层却要等到20世纪下半叶了。大规模的鳄梨种植首先开始于美国，然后70年代西班牙和科西嘉岛也投入鳄梨生产。鳄梨有两个特性：首先，它只有在被采摘后才开始成熟；其次，它和香蕉、番茄、苹果一样，属于更年性水果，也就是通过自身释放的乙烯（它是一种植物激素），可以在采摘后继续成熟的进程。所以记住了：要想让鳄梨尽快成熟，可以把它和苹果或者香蕉放在一起。

阿兹特克人的气度仪表不但归功于他们的服饰，也因为他们用鳄梨精心呵护他们的头发和皮肤。

在美容品领域的应用

从十分成熟的鳄梨的果肉中可以提取一种浓稠的油，它带有果香，为黄色到深绿色等不同颜色，比较像橄榄油。鳄梨油富含不可皂化的脂肪，也就是说，不能被做成肥皂的脂肪。这让鳄梨油极具保湿功效，可以促进表皮再生。

鳄梨油含有大量的棕榈油酸（欧米伽7）、油酸（欧米伽9）、维生素A原和维生素E，后者是一种抗氧化剂，可以让鳄梨油保存近两年。

阿兹特克人把鳄梨油涂抹在头发上，以促进头发的生长，他们用鳄梨果肉制成油膏，保护皮肤不受干燥的风和阳光的伤害。

鳄梨油具有保护作用，它能够修复干燥甚至极其干燥的皮肤，使皮肤能够对抗风雨和阳光的刺激。它使皮肤更加柔嫩而富有弹性，让人感到更加舒适。鳄梨油能促进皮肤新生，调整皮肤状态，可以抗衰老并深度呵护肌肤。它也具备愈合伤口和舒缓的作用，能平复过敏皮肤，对小伤口和妊娠纹有奇效。

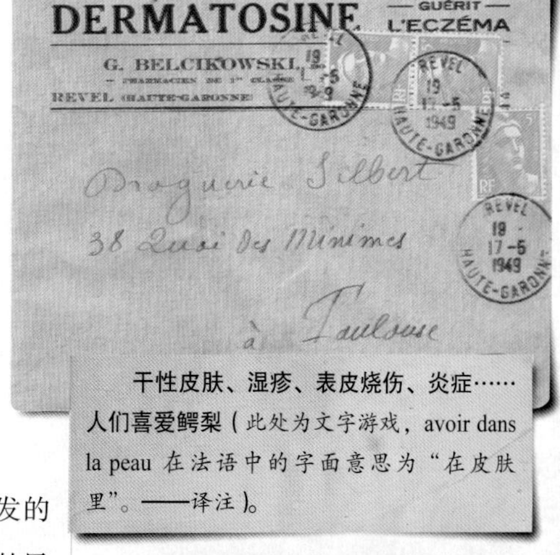

干性皮肤、湿疹、表皮烧伤、炎症……人们喜爱鳄梨（此处为文字游戏，avoir dans la peau 在法语中的字面意思为“在皮肤里”。——译注）。

果核的墨水

压榨鳄梨果核能得到一种乳状的液体，它的气味和味道都与扁桃仁相同。这种液体含有鞣酸，暴露在空气中会变成红色。西班牙殖民者用它来制作墨水，并用这种墨水起草了很多公文。现在这些文件都还保存在哥伦比亚波帕扬市的档案馆里。

Ma grand-mère le faisait

祖母配方

为极干燥的皮肤准备的盆浴：在一个细布小袋子里装上两把燕麦粉，合上袋子，让洗澡水从袋子里流过。

燕麦和其他谷物

Avena sativa L. – 禾本科

膏药和植物乳

美容功效：止痒，使皮肤柔嫩，抗氧化，润肤
适应证：缓和干性、敏感或发炎的皮肤，治疗皮肤皲裂
使用部分：种子

马厩中的杂草

燕麦的种植从两千年前就开始了。燕麦始终会侵占其他谷物的领地，尤其是小麦，因此古希腊和古罗马人把燕麦视作一种杂草。凯尔特人和日耳曼人的视角有所不同。在他们多雨的土地上，耐湿的燕麦相对于其他谷物而言更易存活，这个优点不容小觑。因此燕麦在北方地区更为流行：英格兰、苏格兰、斯堪的纳维亚半岛、德国以及法国的布列塔尼和庇卡底地区。燕麦的种植随着对马匹——农业上做牵引用的马、拉车用的马、骑兵的战马等——的需求的增加而增加。燕麦是极好的饲料，可也作为褥草使用。

燕麦制成的护理品

从古代开始，燕麦就被作为药物使用，人们往往把它制成膏药或者用于盆浴。研磨后的燕麦种子与水混合后可用来治疗风湿、疥疮、麻风病和其他皮肤瘙痒。16世纪时，这种治疗尤其风行。同是医生和植物学家的马蒂奥利（Matthiole）在1563年写道："治疗小孩子的疥疮和斑秃，

{植物学知识}

一年生草本植物，麦秆中空，表皮光滑，可长至30厘米—1.5米高。
• 圆锥花序，垂挂到麦秆另一头，靠风自花授粉。
• 果实为有茸毛的颖果，两片颖包裹住麦粒。

最好的办法就是用煮了燕麦秆的水洗澡。”

这些作用自然会被美容品生产的业界看重。燕麦能使皮肤柔嫩、滋润，促进皮肤新生，因此从中世纪开始人们就把燕麦制成糊剂和面膜。现代的化学研究证实了传统做法是有道理的。燕麦粒比小麦粒含有更多的脂肪酸，并富含维生素 B1 和 B5，这两种维生素能促进血液微循环。燕麦粒也富含微量元素，如锌、铁和抗氧化的维生素 E。燕麦是一种很好的局部药，如今，美容品行业给了它很高的荣誉。人们把燕麦研磨成极细的粉末并倒入水中，如此便得到一种胶体溶液，市面上一般将这种乳状液体称作燕麦乳或植物乳。

小麦

Triticum vulgare – 禾本科

时尚发起人的宠儿

古罗马的贵妇用麸皮（也就是谷物的外壳）泡的水来洗澡，以使皮肤更加柔嫩。拉丁诗人奥维德记载了一些浴后使用的柔肤配方，以小麦和大麦麸皮为原料，不过，他在里面还加入了鸡蛋、用于增添香气的水仙鳞茎，以及蜂蜜：真是一个绝妙的菜谱！

女性们一代代地将麦麸浴的秘密传了下来。罗拉·蒙戴斯（Lola Montès）是爱尔兰人（虽然她的名字不像），一名职业的异域舞蹈家和业余的高级妓女，她拥有许多身为名流的情人，在 19 世纪的上流社会传闻榜上留下了众多丑闻。她年纪轻轻便离世了，在死前写了一本关于美容品的书：《美的艺术》或名《贵妇梳妆的秘密》。她在书中为女性们提出建议，做出评价，并且推荐了麦麸浴，还建议在浴后按摩以保持皮肤的光泽。她在一定程度上代表了一种自由和女性美，她的名字出现在了众多的美容品中：女性们想与这位女性成为一体。

人们也用麦芽油做美容品。麦芽油可由冷榨法从麦芽中榨取。这种油颜色深、浓稠、带有甜味，富含维生素A、E、K和欧米伽6脂肪酸。人们用麦芽油护理面部和肩颈部，预防或治疗妊娠纹。麦芽油的前身是小麦油。1819年出版的《现代的阿布戴卡尔》一书中记录了小麦油，称它可以预防嘴唇干裂、手上皮肤皲裂以及脱皮性皮疹等。

大麦

Hordeum vulgare – 禾本科

从古代就被视作可靠的产品

奥维德也用大麦来做他的美容配方。在书中他提到了一些软膏，它们以去皮的大麦和水仙鳞茎为原料，再加上羽扇豆、鸢尾花、鸡蛋、蜂蜜和铅白。这些软膏能使“脸上的皮肤比镜子更具光泽”，并且还能除去脸上的斑块或细纹。大麦也启发了不少十七八世纪的实践家及作者。

医生兼博物学家皮埃尔 – 约瑟夫·布绍（Pierre-Joseph Buchoz，1731–1807）在1771年出版的《为女士们准备的植物梳洗品》一书中给出了“美容浴”的配方：“取2斤去壳大麦、1斤米、3斤磨成粉的羽扇豆、8斤麸皮、10把琉璃苣和桂竹香，把它们一起在大量的泉水中煮沸。没有什么比这种浴水更能清洁和滋润皮肤的了。”

1806年，卡戎（Caron）医生提出了一种“大麦水”。它使用的大麦需要在“还是乳状时”便收割，也就是说，在麦粒还没有完全成型时便收割。在臼中研磨后，把大麦粉和驴奶混合，随后把混合物放在水浴器中蒸馏，得到的“大麦水”能“使面庞更加动人，并且没有任何缺点”。一本写于 1913 年的书也记录了一种适用于敏感性皮肤的面膜，它由大麦糊、鸡蛋和蜂蜜制成，需在晚间使用。

水稻

Oryza sativa L.– 禾本科

亚洲人丝滑肌肤的秘密

人们尤其看重的是糙米，它的有效成分，即维生素 E 和必需脂肪酸，主要存在于麸皮和种子的胚芽里。用冷榨法能从稻壳中获取一种油，它富含植物甾醇，能够促进微循环，防止黑眼圈的产生。另外，白米的淀粉可以有效地减少机体水分的流失。人们熟知它在解决肠胃问题以及由此带来的脱水问题时的效果，但是很少有人知道它能够促进组织再生以及胶原蛋白的生成。米汤在亚洲被广泛用于补充水分，以及改善头发的外观和韧性。

米粉

法国大革命结束了贵族阶级对脂粉的过度使用。从此有身份的女性开始使用一种更加淡雅的粉，用天鹅绒毛制成的小粉扑在脸上擦上淡淡的一层米粉——用当时的话来说，人们 *poudrerise*。

19 世纪末，一直被用以美白的粉开始被用来给皮肤增加亚光感。对于米粉来说，大好时光到来了。用磨盘细细研磨后的米粉能够吸收脸上的油脂，改善泛油光的问题，使皮肤柔软细嫩，并且能遮盖小的瑕疵（比如红斑和暗淡发黄的肤色）而不会阻塞毛孔。皮肤终于可以呼吸了！

艺伎拯救她们的皮肤

15 世纪自白粉在日本诞生开始，艺伎们就饱受她们使用的白粉里的铅毒的困扰。

后来她们开始使用米粉，继而把它制成一种软膏，涂在事先抹了植物油的脸上。

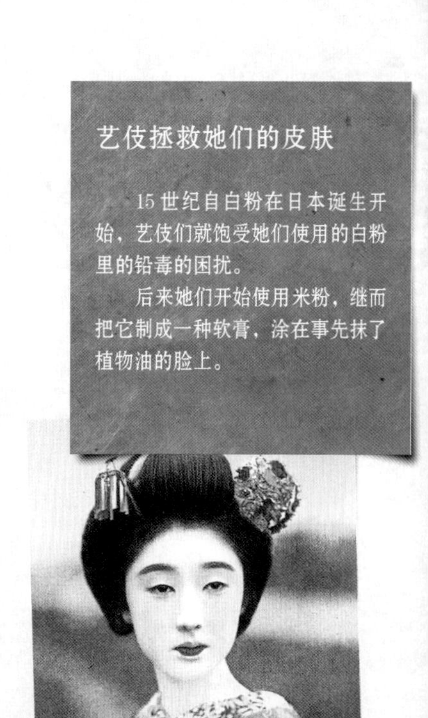

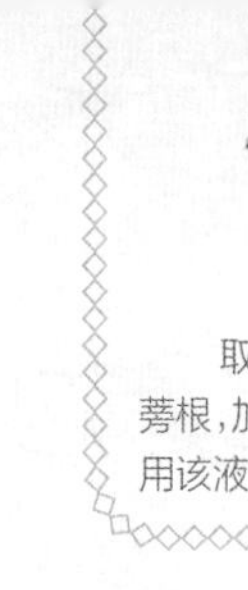

Ma grand-mère le faisait

祖母配方

取一把牛蒡叶和100克新鲜的牛蒡根，加1升水。煮沸10分钟后冷却。用该液体冲洗头皮可以缓解头屑。

牛蒡

Arctium lappa L.－菊科

巨人的眼睛

美容功效：有效的抗菌剂和抗真菌剂，净化，舒缓

适应证：痤疮，皮肤病，湿疹，真菌性阴道炎

使用部分：磨成粉的根，叶片

{ 植物学知识 }

两年生草本植物，可生长至2米高，发达的直根，互生叶，叶片宽大而结实，上侧为绿色，下侧为灰白色并长有细毛。• 七八月开花，淡紫色，头状花序，果实为瘦果，棕红色，有冠毛。

一种彻底被忘记的蔬菜

我们已经彻底忘记牛蒡，这种别名为“治癣草”或“巨人眼”的蔬菜。牛蒡原产自旧大陆的温带地区，从斯堪的纳维亚半岛到地中海，从大西洋到中国的南海，都能看到它的身影。它常常在含氮量高的荒地上生长，也能适应海拔1800米的高地，所以牛蒡曾长期被作为蔬菜种植，以食用它的根。著名的《庄园敕令》(该法典写于8世纪末或9世纪初，其中数条记录了大量建议栽种的植物。——译注）便记录了牛蒡。如今，只有日本还在种植牛蒡，并且把它的根作为沙拉食用，名为*gobō*。

顽强的性格

牛蒡的属名*arctium*来自希腊语*arctos*，意为“熊”，因为它带有茸毛。种加词*lappa*来自另一个希腊语单词，意为“抓住”，暗指牛蒡头状花序边缘的苞片上的小钩。这些小钩可以沾附在动物的毛皮、人的衣服或头发上，从而帮助它扩散——我们把这种传播方式称作动物传播。

追击蛇

数千年来，牛蒡也有治疗蝰蛇咬伤的美誉。它能够使毒液氧化，从而缓解昆虫的叮咬，并消除由此引起的浮肿。

牛蒡油是极好的生发剂。

据说，乔治·德·梅斯特拉尔（Georges de Mestral）在遛狗的时候观察到这种现象并受到启发，发明了尼龙搭扣，并且获得了专利。

本地的抗菌剂

牛蒡的根是重要的菊糖来源。菊糖是一种糖类，类似于淀粉，其功效类似于青霉素。牛蒡的根还含有多烯，这种物质可以抗细菌和真菌。在美容品业界，人们把它做成胶浆，以舒缓发炎的皮肤或治疗皮肤疾病。并且，它也是治疗细菌性阴道炎的极佳药物。

在古代，盖伦和迪奥斯科里德斯都记载了牛蒡的净化和促进皮肤再生的功能。生活在公元 1 世纪的迪奥斯科里德斯，建议用牛蒡治疗溃疡，普林尼则推崇它治愈烧伤的功效。从这个古老的时代一直到中世纪以后，人们都是将捣碎并烧煮过的牛蒡叶敷在局部使用。据说正是这个配方在 16 世纪治愈了亨利三世的梅毒。这让蒙彼利埃的医生拉扎尔·里维埃（Lazare Rivière）很感兴趣。里维埃也是路易十三的顾问，蒙彼利埃医学院的教授，他进一步地研究了牛蒡治疗梅毒的功能。

20 世纪的科学研究通过活体外的实验，证实了牛蒡抗细菌和真菌的功效。正是因为这些功效，它曾是当地人常用的治疗痤疮和其他疖子的良药。

在亨利三世的宫廷，人们用牛蒡治疗梅毒。

种植牛蒡吧

牛蒡的种植相对比较简单。种子成熟后便可以把它们种在地里，需要埋得比较深。第二年的春天便可以收获牛蒡根了。这要在开花前进行。随后要把牛蒡根洗净，去掉侧根，切片后放在干燥、通风以及避光的地方风干，之后再把它研磨成粉使用。

Ma grand-mère le faisait

祖母配方

使洗浴的水充满香味：把干燥或新鲜的苦橙树树皮放在一个细布小口袋里，让洗澡水从袋子里流出。

苦橙

Citrus aurantium–芸香科

娇嫩的具有舒缓作用的花朵

美容功效：促进肌肤再生，使皮肤具有光泽、健康、清新

适应证：所有类型的皮肤，暗淡无光的皮肤，可制成涂抹脸部和颈部的爽肤水，制成有舒缓疗效的热水浴

使用部分：花

{植物学知识}

5—10米高的树。• 常绿叶，叶片为绿色、椭圆形、有光泽，下面的叶子（旧的树叶）的叶腋处有锯齿。• 粉色的花蕾绽放出白色的大花朵，香味极浓。• 果实为卵球形，果皮较厚，为绿色或深黄色，含有大量的籽儿。

苦味的橙子

苦橙原产自中国。根据记载，它在公元前2200年就已经为人类所知了。苦橙树是亚历山大大帝在征服亚洲后带回的果树之一。阿拉伯人在9世纪或10世纪时将它带到了西班牙。塞维利亚地区大量栽种苦橙树，这使它有了"塞维利亚橙树"的别名。十字军将苦橙树扩散到了整个欧洲，在将近五百年的时间内，这是欧洲唯一栽种的橙类植物。

人们主要欣赏它的药用价值，因为苦橙的果肉实在是太苦了……直到15世纪，它才由同样是来自中国的甜橙（*Citrus sinensis*）取代。今天，苦橙树主要在西班牙、意大利、摩洛哥等地种植，蓝色海岸地区的部分城市的道路边，也会栽种苦橙树，把它作为一种观赏植物。收获果实的季节是冬季，从11月到1月。苦橙的果实十分苦涩，因此不能直接食用，但它是一种著名果酱的原料——苏格兰邓迪市的居民声称是他们发明了这种果酱。

选择了普罗旺斯方言

苦橙一词（bigarade）来自普罗旺斯方言里于15世纪左右出现的一个单词。后者指只熟了一半的水果——比如正在变熟的橙子——后来概指所有有多种颜色的东西。

橙花水

苦橙树是重要的精油原料。人们从苦橙花中提取一种名叫“娜芙水”（*Eau de Naphe*，也叫 *Naffe*，来自阿拉伯语 *nafah*，意为“令人愉悦的气味”）或者“橙花水”的水性蒸馏物。以前，这项工作由不同的修道院完成。仅需 1 千克的橙花，便可得到 1 升的橙花水，对于利用苦橙树的价值而言，不失为经济实惠的选择。

苦橙精油（*Néroli*）则更为珍贵。因为橙花过于娇弱而不能采用蒸馏法，它是通过蒸汽从新鲜橙花中提取的。苦橙精油的产出量非常少：100 千克橙花只能制作约 70 克苦橙精油。Néroli 的名字来源于内罗拉（Nerola，在罗马附近）亲王的妻子玛丽 – 安娜·奥尔西尼（Marie-Anne Orsini）。她用苦橙精油使她的手套和洗澡水充满芳香，在 17 世纪末令这种香味一炮而红，并且为它取名为 Néroli 以纪念自己的丈夫。苦橙精油需要在按摩油中稀释后方可使用，它能够舒缓肌肤。在美食领域，人们也用橙花精油来为甜品增添香气。

橙花水是苦橙产品中最经济的一种。

苦橙叶精油

人们从苦橙的叶子和嫩芽中能提取一种苦橙叶精油（petitgrain），它气味浓郁，被用来制作古龙水。19 世纪时，苦橙叶精油主要产自普罗旺斯，如今，80% 的苦橙叶精油产自巴拉圭。

格拉斯工业的开创者

苦橙树是格拉斯地区（法国东南部。——译注）最早种植的香料植物。16 世纪时，莱兰群岛的修士们在胡安海湾栽种橙树，到 20 世纪时海滨阿尔卑斯省的苦橙种植规模已经达到了数百公顷。过去，手工采摘苦橙花是女性的工作，在 4 月底到 5 月初进行。生产商在 1900 年重组，建立了苦橙精油合作社（coopérative du Nérolium），以共同努力，共享提取苦橙精油的技术等。合作社直到 20 世纪 50 年代发展得极好，之后却因为马格里布地区的竞争而几乎销声匿迹。不过与此同时，在继苦橙之后，一系列芳香植物的种植得以发展，使格拉斯成为香水之都。

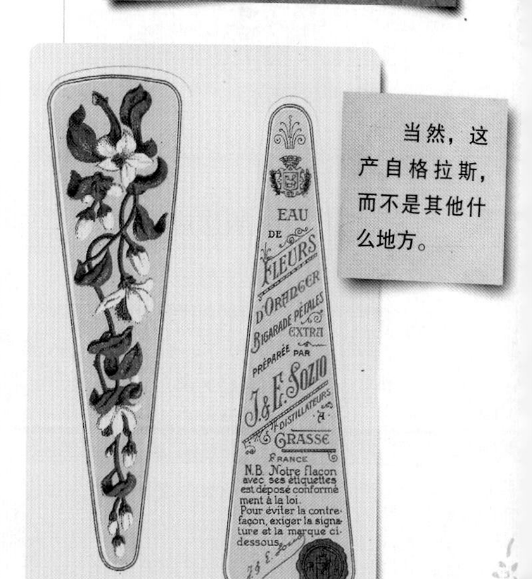

当然，这产自格拉斯，而不是其他什么地方。

祖母配方

消退眼睛的充血和炎症：将20朵左右的矢车菊干花泡在500毫升水里约10分钟。趁着还温热时，把花敷在眼皮上，保持10分钟。

矢车菊

Centaurea cyanus L.– 菊科

扔掉眼镜吧

美容功效：收敛剂、镇静剂、滋补剂
适应证：用于眼周和眼皮，去除黑眼圈和眼袋，卸妆
使用部分：花

田间的害人精

矢车菊（centaurée）的名字来源于希腊语*Kentaureion*，意思是半人马（centaure）喀戎的药草。喀戎以智慧著称，他熟知各种植物，并能用它们来治疗疾病。然而，这种生长在谷物田间的植物似乎原产自东方，我们的祖先在带回谷物种子的时候也带回了矢车菊。

生长在谷物田间的植物，一般都是一年生植物。它们在秋冬季发芽，在粮食收获的季节开花。一株矢车菊可以产出高达1000粒种子。以前，农民们非常讨厌矢车菊，因为成熟后的矢车菊的茎坚韧而富有弹性，会使收割用的镰刀变钝。在发明具有针对性的除草剂之前，它曾是谷物田间被嫌弃的植物，现在它因为对眼睛有益处而得到人们的喜爱，并且方式不止一种。

“你知道吗，你的眼睛很美！”

民间医学从很早开始便确信矢车菊能够治疗眼疾。对它疗效的第一次记载是在12世纪，出于希尔德加德·冯·宾根（中世纪德国女神学家、作曲家及作家。——

{ 植物学常识 }

一年生植物，茎可长至20—80厘米高，互生叶，叶片细长，灰绿色并带有茸毛。• 夏季开花，花为有光泽的天蓝色，这让它获得了cyanus的种加词（拉丁语里有蓝宝石的意思。——译注），有10片被片、5片花瓣、5支雄蕊，头状花序。• 果实为瘦果。

用矢车菊水来滴眼睛或者敷眼皮，可以赋予人温和而平静的目光。

译注）之手。16 世纪时，草药商马蒂奥利（Mattioli）建议使用矢车菊医治眼睛的疾病。根据药效形象说——这种学说认为所有东西都有类比性，植物的外观可以指导它在治疗上的应用——矢车菊的蓝色让人联想到明亮与健康的眼睛，因此，它是治疗眼疾的良药。过去，人们认为矢车菊也是一种利尿的草药，并且可以治疗风湿，配方便是把 25 克矢车菊泡在 1 升啤酒里。

矢车菊水，或者说，“消灭眼镜水”

17 世纪的药剂师会配制一种矢车菊水，即把矢车菊捣碎后浸泡在露水或者雪水中，然后用不太高的温度以隔水加温的方式蒸馏。这种矢车菊水可以增进视力，因此人们不再需要佩戴眼镜。它也是去除熬夜后留下的眼袋或黑眼圈的绝佳配方。矢车菊水也能消肿，减轻眼皮发红和炎症。

矢车菊一直被用来治疗眼疾，人们用过滤后的矢车菊水敷眼睛。矢车菊的花瓣可以制成糊剂用来卸妆。矢车菊水比一般的卸妆水更加温和，更适合敏感性肌肤和眼周皮肤。人们也用它来做收敛水，使皮肤更加紧致有活力，并收缩毛孔。

人们会在矢车菊盛开的季节采摘茎梢的花球。在通风避光的环境中干燥后，矢车菊能保留本色。

矢车菊对眼睛的功效，使人们对它的开发超出了美容业。它对视力的益处使它获得了“消灭眼镜”花的美誉。

王后的矢车菊

矢车菊的另外一个别称是 barbeau。18 世纪末期，素以喜爱乡间生活并引导凡尔赛宫审美而闻名的玛丽 – 安托万王后，发明了一种“王后式”的餐具装饰风格，也被叫作“矢车菊风格”，即在餐具上绘上矢车菊花束做装饰。塞夫尔瓷器制造厂生产了一套以珍珠和矢车菊为装饰图案的餐具，于 1782 年 1 月交给了玛丽 – 安托万王后。这套瓷器至少有 295 件，很有可能是为王后的宫殿——小特里亚农宫制作的。

Ma grand-mère le faisait

祖母配方

防止脱发：取 10 滴尖叶刺柏油，与 5 大勺橄榄油混合，用这个混合液按摩头皮，让它作用一整夜，第二天早上再洗头。

尖叶刺柏（杜松）

Juniperus oxycedrus– 柏科

洗发水

美容功效：抗菌，恢复头皮平衡
适应证：发炎的头皮，头屑，使头发更加有光泽
使用部分：木材

{ **植物学知识** }

多刺植物，5—7 米高，甚至可达到 14 米。• 常绿叶，叶片为针形，树干常多分枝，且参差不齐。• 树皮为灰色，呈条状剥落。• 雌性球果呈红棕色浆果状，两年后成熟。

珍贵的柏油

野生尖叶刺柏在普罗旺斯方言中被称作 cade。在自然状态下生长，在法国南部的石灰质荒地，或在地中海周边地区，人们都能看到它的身影。从尖叶刺柏上渗出的树脂里能提取一种油，它有消毒净化的作用，因此中世纪的人们会在鼠疫或霍乱流行时使用它。

弗雷德里克·米斯特拉尔（法国 19 世纪诗人。——译注）提到，牧羊人会用尖叶刺柏油治疗疥疮，古代人把尖叶刺柏砍成小木块，将之放在用石灰质荒地的土做成的炉子中，让木块渐渐燃烧，它们便会分泌出一种油，流到炉子底部，人们将这种油收集起来使用。如今，法国的石灰质荒地上还有 200 株尖叶刺柏，它们被保留下来作为自然遗产，也为教育服务。尖叶刺柏油颜色发黑，以前人们用它来治疗银屑病，愈合动物咬伤，以及用于驱除蛀虫、啮齿类动物和蛇类。牧羊

拥有肉嘟嘟的脸颊和小卷发的卡盾婴儿，在很长一段时间里，代表了健康与卫生。

人用珍贵的尖叶刺柏油涂抹手和脸，以抵御风和日光。

卡盾婴儿

1907年，一位美国商人兼广告商迈克·温布恩（Michael Winburn）治愈了他顽固的湿疹，靠的是巴黎药剂师路易·纳唐（Louis Nathan）自己配置的一款以尖叶刺柏为原料的膏药。两个人成为合伙人，并在库尔布瓦设立了作坊，直到1968年，这款膏药都在库尔布瓦生产。

温布恩将原料尖叶刺柏（cade）变格后得到Cadum，把它作为品牌的名字。膏药获得了巨大成功，因此1912年，刚成立不久的公司考虑再生产一款配套的香皂。温布恩采用了现代化的营销方式，依靠一种独特的概念，即温和+婴儿+粉色。

他大量投放广告，其核心在于宣传一种依靠香皂来普及卫生的观念，这款香皂是“大众消费的产品，是富含甜杏仁油的美容产品”。

品牌的成功令人震惊，健康的卡盾婴儿的形象——要知道那时候，婴儿的死亡率是极高的——在第一次世界大战后贴满了巴黎的大街小巷。

“别挠了，卡盾药膏能立刻止痒，并治疗所有的皮肤疾病”——广告词如是说。

木焦油沥青和火

在战前的普罗旺斯，生产尖叶刺柏油常常是一户人家唯一的经济来源。尖叶刺柏油是一种天然的焦油沥青，它通过高温分解得到。这种技能依靠口口相传，因为必须得守护家族的秘密配方。

我在死后将依旧美丽

第二等级的古埃及人死后，通常被使用尖叶刺柏油来防腐并保存尸体，这与最高等级的人不同，后者的尸体会被取出内脏。

在第二等级人的防腐处理中，人们用尖叶刺柏油来溶解其内脏。

处理时需要塞上塞子，防止溶剂“从注入口流出”，随后的70天，尸体被涂满泡碱。

最后使注入的溶剂排出。

在古罗马，人们会使用尖叶刺柏油来清洗尸体。

Ma grand-mère le faisait

祖母配方

取 2 大勺亚麻荠油和 3 滴薰衣草精油混合便得到了抗皱纹的乳液。

亚麻荠

Camelina sativa– 十字花科

杂种亚麻

美容功效：使皮肤柔嫩、保湿，促进皮肤新生，修复，因维生素 E 而有抗氧化功能
适应证：护理婴儿，敏感皮肤或易过敏皮肤，疲惫的皮肤
使用部分：种子

{ 植物学知识 }

一年生植物，茎直立，可高达 1 米。• 叶片为灰绿色，莲座叶丛，小黄花，5—7 月开花。• 果实为梨型，内含大量很小的种子，八九月成熟。

光辉和衰落

亚麻荠油是最古老的食用油之一。铁器时代，即公元前 2500 年左右，人们主要使用的还有亚麻油和罂粟油。

公元 1 世纪时，这种植物黄金在高卢衰落，在罗马化的高卢时期完全消失。中世纪时，亚麻荠油重新被使用，并扩大到欧洲北部，尤其是法国东北部地区，这种情况一直持续到 19 世纪末。那时人们把亚麻荠称作杂种亚麻，因为它生长在亚麻丛里，人们便以为它是质量不佳的亚麻。亚麻荠油不但可以食用，也可做家用，比如用来照明或制作肥皂等。后来，随着进口油物质的竞争（尤其是 1862 年取消关税后），以及新的照明能源的开发，例如天然气、石油和电，使得这种可怜的十字花科植物再度衰落。

如今，好几个西方国家仍在种植亚麻荠，尤其是德国、奥地利和法国。亚麻荠的回归主要是因为它的营养成分很高。

欧米伽3含量的金牌选手

亚麻荠的种子含有 40% 左右的黄色植物油，它具有

芦笋的典型气味，通过初次冷榨获得。最近的营养学研究表明，需要平衡脂肪酸的摄取，尤其是欧米伽 3，比如亚麻酸。亚麻荠油中亚麻酸的含量高达 32%—42%，是极不寻常的，它对心血管循环的健康运行十分有好处。

在美容领域，亚麻荠油是制作抗老化产品、舒缓产品，以及敏感和特应性皮肤的修护产品的高等原料。它富含维生素 E，因此具备抗氧化功效，是对抗皮肤衰老的不二选择。

亚麻荠油适合娇嫩的皮肤，在婴儿用的香皂中可以看到它的身影。

从扫帚到飞机的操纵杆

亚麻荠也是一种“植物领域的猪”，也就是说，它浑身上下都有用。除了种子含有的油分以外，亚麻荠的茎也可以用来做茅屋的顶或是做扫帚，剩余的废料可以作为饲料或肥料使用。正如罗兹埃（Rozier）神甫在 1821 年所写的那样，如果不是因为“有很多其他植物在这方面更具优势”，人们甚至可以从亚麻荠茎中提取韧皮纤维。

航空业近来也对亚麻荠油充满兴趣，考虑把它作为生物燃料使用。波音和日本航空在 2009 年做了首次测试，将煤油、亚麻荠油和其他原料混合使用。随后，其他方案也纷纷问世，例如空客和罗马尼亚航空合作的计划、加拿大的庞巴迪公司在 Q400 上进行的测试、后者与波特航空以及提供绿色煤油的可持续石油公司（Sustainable Oil）的合作。

阿比西尼亚油

这种油提取自阿比西尼亚甘蓝（*Crambe abyssinica*）。这种特别的植物生长在埃塞俄比亚，也就是曾经的阿比西尼亚帝国。它有着大型的分裂叶片，茎弯弯曲曲，布满了圆圆的荚果。阿比西尼亚甘蓝与海甘蓝（crambe maritime）是近亲，后者曾经拯救了忍受饥荒的布列塔尼人。阿比西尼亚油的独特之处在于，可以立刻被皮肤吸收，但是它被主要用于护理短而卷曲的头发，因为它可以定型、滋润以及使头发便于梳理。阿比西尼亚油也被添加在唇膏、睫毛膏等化妆品中，甚至被作为工业润滑剂使用。

看似无足轻重的小小植物，其实在美容领域有许多优点。

祖母配方

用于干性和皮肤发炎的水：取10朵洋甘菊，放在500毫升沸水中泡10分钟，冷却后过滤使用。

罗马洋甘菊（果香菊）和德国洋甘菊（母菊）

Chamaemelum nobile, matricaria chamomilla– 菊科

以朱庇特或者奥丁之名！

美容功效：治疗炎症，愈合伤口，抗菌和抗真菌（罗马洋甘菊），使头发有光泽（德国洋甘菊）

适应证：受损皮肤（痤疮、银屑病、湿疹）；金黄色头发，暗淡无光的头发

使用部分：夏天在完全开放前采摘的茎梢上的花球，在阴凉处风干后使用

{ 植物学知识 }

多年生草本植物，10—30厘米高，生长缓慢。• 茎上有茸毛，底部为匍匐茎，上部直立，茎梢的花球为头状花序，有香味，中间为黄色小管状花组成的花盘。• 一年生草本植物，竖直茎，多分枝，小型花组成头状花序。• 这两种洋甘菊的果实，都是黄色、小型、有棱角的瘦果。

从地中海的一头到另一头

洋甘菊的种植就像莴苣一样：罗马洋甘菊首先在意大利被密集地种植，从17世纪开始，人们正因为它的药用价值而栽种它。不过，我们把凯撒的东西还给法老吧：在古埃及，洋甘菊象征着太阳，它被献给太阳神拉，也被用来为尸体防腐。古埃及人在活着的时候，受到过分日晒和感染疟疾时，用洋甘菊来退热。古希腊和古罗马人在到达埃及后，也种植了洋甘菊，并把它的用途推广至整个古代世界。

以前，西班牙人称洋甘菊为"小苹果"，他们用它来为一种淡雪莉酒增添香味。

舒缓受损的皮肤和紧张的神经

洋甘菊有多重用途。根据普林尼的建议，人们可以把磨碎后的洋甘菊——单独使用或者和蜂蜜混合——涂抹在局部，以治疗脸上鳞屑性的皮疹。它还可帮助伤口愈合，缓解痤疮留下的病变、湿疹和银屑病。洋甘菊的舒缓作用为人熟知，也可以把它制成汤剂来帮助睡眠，缓解婴儿肠绞痛或长牙时的疼痛。瓜德罗普岛饲养信鸽的人甚至在比赛前夕，把鸽子放入笼子前，用洋甘菊来避免鸽子过于烦躁不安。这个方法既便宜又简单，而其有些功效就不太确定了。以前在乡下，人们都说用洋甘菊泡过的水洗手，便能赢得牌局。

地上的苹果，但不是土豆

希腊人称洋甘菊为“地上的苹果”，因为它们低矮而离地面（希腊语写作*chamos*）很近，并且刚开放的花朵和压碎后的叶子都有苹果的香味（希腊语写作*melos*）。

*法语中土豆写作pomme de terre，字面上的意思，即土里的苹果。——译注

金发女郎中的王后

德国洋甘菊是彻彻底底的德国人的东西，因为它与金发有关。在日耳曼和北欧的神话中，洋甘菊是主神奥丁给人类的九种神圣植物之一。所有金黄色的东西里都有它的身影：黄烟丝、黄啤酒（可以增加其香味），当然还有金黄的头发。它是护发产品里的关键成分，可以使金发的颜色更淡，并且增加头发的光泽。维京人早就已经用洋甘菊护发了。就像它的表亲罗马洋甘菊一样，德国洋甘菊也可用以促进伤口愈合，使充血消退以及帮助镇静。

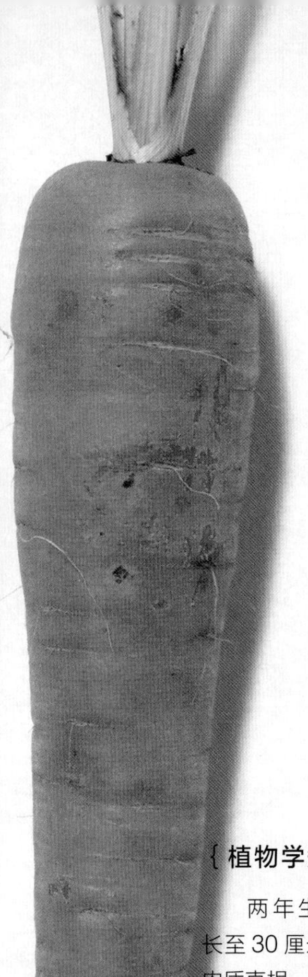

Ma grand-mère le faisait

祖母配方

取一个玻璃杯，倒入 500 毫升葵花籽油和 4 大勺胡萝卜丝，每天换胡萝卜丝，直到葵花籽油变成橙色，过滤后擦在晒后的皮肤上。

胡萝卜

Daucus carota L.– 伞形科

用根制成的美容品

美容功效：抗氧化、抗自由基、抗衰老
适应证：脸色暗淡或显疲劳，干瘪而起皱纹的皮肤（肩颈部、脸部和手部），缺乏活力的皮肤；恢复晒后的皮肤并保留晒黑的肤色，可制成改善气色的乳液或面霜
使用部分：根部

{ 植物学知识 }

两年生植物，可长至 30 厘米高，瘦长肉质直根，叶片细小并有茸毛。• 5—10 月开小白花，伞形花序，果实为双瘦果。

波斯的、高卢的、荷兰的

我们所食用的胡萝卜的祖先在距今五千年时，生长在伊朗和阿富汗的交界地区。在被引入欧洲后，古希腊和古罗马人对这种食用根的蔬菜并不欣赏。需要说明的是，那时候胡萝卜颜色发白，外皮坚硬，里面富含纤维，味道发苦。普林尼在他撰写的《自然史》一书中称胡萝卜为 *Pastinaca gallica*，意为“高卢的蔬菜”。这个词源在法国的某些地方被保留了下来，在那里人们仍称胡萝卜为 *pastenade* 或 *passinade*。欧洲东部地区改良了这种穷苦人家吃的蔬菜，查理大帝还推行了胡萝卜的种植。最早栽培的胡萝卜有黄色、红色、栗色和紫色，但它们还不是美味的蔬菜。

胡萝卜的橙色革命发生在荷兰，那时候正值奥兰治（Orange）（此处为一个文字游戏。奥兰治写作 Orange，与“橙色”是同一个单词。——译注）亲王威廉发动起义，反抗神圣罗马帝国皇帝查理五世。16 世纪的荷兰植物学家将红色的胡萝卜和白色的胡萝卜杂交，得到了有着美丽橙色光泽的胡萝卜。

看得真切！

据说，第二次世界大战时，英国皇家空军驾驶战斗机的飞行员食用大量的胡萝卜，以改善他们在夜间飞行时的视力。这只是宣传而已！而事实是，英军飞机上装有最早的雷达，他们想对德军掩盖这一事实，而方法就是……让德军误把胡萝卜当作信号灯。

这种名为“修长的橙色”的品种的胡萝卜，便是第一种肉质丰富的胡萝卜，它后来取代了所有的其他胡萝卜品种以及它们的远亲，当时广泛用于烹饪的芹菜萝卜（欧洲防风）。

颜色越深效果越好。

胡萝卜素的效用

颜色越深越好！栗色胡萝卜中的 β－胡萝卜素含量是橙色胡萝卜的两倍，而黄色的胡萝卜中的含量则很少。β－胡萝卜素是维生素 A 的源物质，而维生素 A 是一种脂溶性维生素，它大量存在于有机体中，但对空气和阳光很敏感，极易受损坏。肝脏通过氧化作用将胡萝卜素转换为维生素 A 以为机体所用。维生素 A 能够帮助保持皮肤和黏膜的健康，它也与视力有关，能帮助眼睛适应黑暗。

β－胡萝卜素还具有抗氧化的功能，它能够中和因细胞衰老而产生的自由基和活性氧类。因此胡萝卜对皮肤健康很有好处。

胡萝卜色的脸色

人们主要使用的是胡萝卜油质浸泡液，或者叫“胡萝卜油”。把新鲜的胡萝卜浸泡在葵花籽油中，珍贵的胡萝卜素便能溶解。日晒后可以用胡萝卜油来软化和修复皮肤，促进表皮再生。胡萝卜油中含有的类胡萝卜素能形成一种颜色，可以使脸色更加好看。在护肤霜中加上几滴胡萝卜油后，抹在脸上或身上，就能让皮肤变成褐色，而不需要紫外线 A 或紫外线 B 的作用，也就是说，它对皮肤没有任何危险。不过它对美黑和防晒并不起作用，所以需要注意。

不晒太阳就获得胡萝卜色的皮肤是可能的。如果人们更青睐阳光，则可以用胡萝卜来舒缓晒伤。不过，至少得晒晒才行。

让我们以一个传闻来结束这一节的内容吧：吃胡萝卜能带来好气色，还会让屁股变成粉红色……

事实上，大量的 β－胡萝卜素确实能使皮肤（整个皮肤而不只是屁股）变成橙色（而不是粉红色）。

Ma grand-mère le faisait

祖母配方

剃须后使用的舒缓液：混合 2 大勺胶蔷树水性蒸馏物和 1 小勺玫瑰水性蒸馏物。

胶蔷树

Cistus ladanifer L.– 半日花科

做胶水的植物

美容功效：收敛，净化，愈合伤口和修复；抗衰老
适应证：敏感性皮肤，年龄大的、疲劳的或有皱纹的皮肤，痤疮，酒糟鼻，黑眼圈；剃须时导致的细小伤口
使用部分：树脂

胶蔷树能产出树脂

胶蔷树是一种小型灌木，高度很少超过 1 米，它生长在地中海周边贫瘠而干燥的土地上，尤其是西班牙、叙利亚、克里特岛、葡萄牙、意大利和科西嘉岛。它的白色花朵的寿命只有两天，很好辨认，因为五片花瓣中的每一片底部都有一块胭脂红色的斑点，人们从很早开始便把这块斑点叫作“基督的眼泪”。胶蔷树是常绿植物，叶片下侧泛白，有细小的茸毛。它们是叶片的腺体起分泌作用的器官，在七八月爆裂后会向外释放出一种深褐色的树脂，有黏性并且芳香浓郁，能够保护胶蔷树不受高温伤害。这种树脂叫作 *labdanum* 或 *ladanum*，在古希腊就已经有这个词了，它源自腓尼基语的 *ladan*，意为“产出树脂的草”。胶蔷树的树脂具有香脂和琥珀的气味，极其浓郁。古埃及人把它制成香，并且利用它的收敛功效用它做熏蒸。

和乳香、雪松、没药和安息香一样，胶蔷树也是圣神的香料之一。胶蔷树的树脂如今被用作制香业，与西普香型和龙涎香型属于同一类香型。

{ 植物学知识 }

1—2 米高的小灌木。• 常绿，叶片有小茸毛，上侧为深绿色，下侧泛白。• 白色花，上有红色斑点，4—6 月开花，花的寿命只有两天。• 果实为蒴果。

焚烧后的荒地上的开拓者

胶蔷树是一种耐火植物，火烧能让种子走出休眠状态，要么通过温度的升高，要么因为烟中的某些成分。这种特性使它成为一种拓荒植物，即它能立刻占领焚烧后的土地。

山羊的胡子

根据希罗多德的记载，在古代，人们从刚啃过胶蔷树的山羊的胡子上小心翼翼地取下胶蔷树树脂。远古的技术后来得到了改进，植物学家图尔纳福尔（Tournefort）记录了18世纪采用的方法：

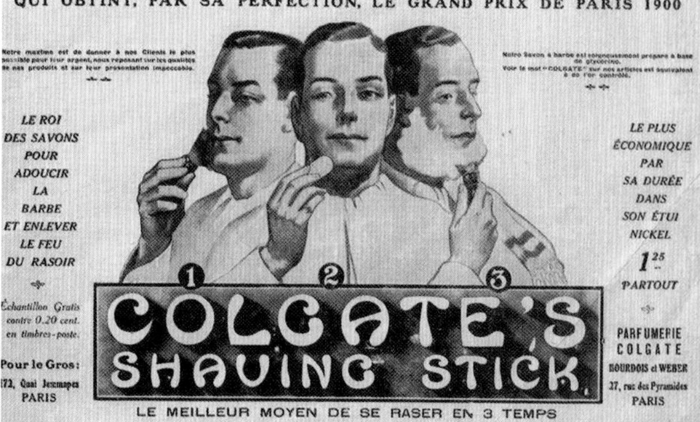

不管是面对剃须后的火烧火燎还是荒地上的大火，胶蔷树都冲在前线。

"使用的器具形似没有齿的耙子，人们把粗糙的皮做成的舌片或皮带固定在上面……人们用它在胶蔷树上来回摩擦，通过将它们在胶蔷树上滚动和抖动，让它们摩擦树叶，使皮带上沾满了这种粘在叶片上的香胶。当耙子的皮带沾满了胶后，人们用刀将它刮干净，再把刮下来的东西弄成一团。"直到20世纪20年代，人们都用这种方法获取胶蔷树的树脂。今天，人们把胶蔷树的树枝浸泡在含有碳酸盐的热水中。在烧煮后，需要将沸水中和，把表面漂浮的树脂撇出来，然后借助棍子去除粗制树脂中的水分，并使之质地均匀，在这个过程中，树脂将变成漂亮的浅黄褐色。之后对芳香的树脂进行脱水，就会得到一种香膏，它在制香业被广泛使用。

药物和美容品

很久以来，胶蔷树树脂便为医药界熟知，它有止血、愈合伤口和抗菌的功效。18世纪时，它和芦荟、鸦片、苦艾精油和芸香一道，都是制作"抗歇斯底里药膏"的成分。这种药膏用于治疗所有的歇斯底里症，以及女性的眩晕。人们让病人闻这种药膏或者把它涂在肚脐上。在现代美容品业中，人们主要使用的是胶蔷树的水性蒸馏物，制作时，每1千克多叶的树脂配1升水。它能促进发炎或受损皮肤的再生，能够抗皱，还能帮助皮肤愈合，比如人们可将它添加在剃须后的护肤乳中。

LIV. XII. SECT. II. Du Ledum. 819

G. Bauh. Ciſtus ladanifera Monſpelienſium.

LEDUM
Ladanum.
Matthioli,
Lac. Caſt. Lugd.
Tab.

Fr. Ciſtus
II. Eſpece.
It. Ladano o dano.
Eſp. Xara.

QUALITEZ.
ch. du 1. D. au 2. D.

DESCR. C'eſt une eſpece de Ciſtus, dont les feüilles ſont pourtant plus longues & plus noires que celles de Ciſtus, & ont au Printems je ne ſçai quoi de gras. C'eſt d'elle que ſe fait le Ladanum: car les chévres ſe repaiſſant de cette feüille, la graiſſe s'attache à leurs barbes, & aux poils de leurs cuiſſes; mais les Bergers la leur ôtent avec des peignes & la fondent, ils la reduiſent en petites boules. Le meilleur Ladanum eſt celui qui eſt odoriferant, ſouple à la main, tirant ſur le verd.

LIEU. Il vient dans les lieux chauds, comme en Chypre & en Afrique, il fleurit & donne ſa ſemence au Printems.

PROPR. Il a la force d'épaiſſir, d'échauffer, de ramollir; il eſt pourtant aperitif. Mêlé avec du vin, de la Mirrhe, & de l'huile de Mirte, & appliqué, il empêche les cheveux de tomber: enduit avec de l'huile il ôte les cicatrices.

在过去的书中，胶蔷树树脂也被称作 ledum 或 ciste ladanifer。

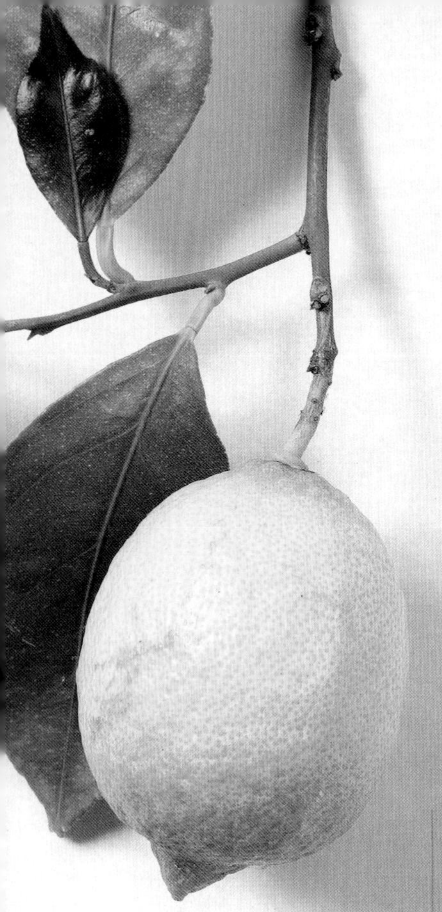

Ma grand-mère le faisait

祖母配方

用半个柠檬擦拭手肘和脚后跟，可以缓解其老茧。

柠檬

Citrus limon L.– 芸香科

柠檬什么都好！

美容功效：使皮肤柔嫩、滋润、净化、收敛，增加皮肤活力
适应证：混合性和油性皮肤，痤疮，暗沉和失衡的皮肤，黑头，能有效缓解膝盖、手肘和脚部的皮肤粗糙问题，强健指甲，修复受损表皮
使用部分：果实

{ 植物学知识 }

3—8 米高的常绿小树，生长迅速。• 叶腋处常有小刺。• 4—7 月开花，花为白色，外侧带粉色，香气浓郁。• 果实的果肉很酸，11—6 月间成熟，果皮外侧分布有芳香腺体。

蔚蓝海岸的一位波斯人

柠檬最早被叫作 *limon*，源自波斯语的 *limûn*，法语中的 citron 一词最早出现于 1398 年，它来自拉丁语 *citrus*，逐渐取代了 limon 一词。柠檬原产自印度西北部和中国南部的喜马拉雅山麓。它在 12 世纪被葡萄牙商人和从巴勒斯坦归来的十字军引入地中海地区。此时的巴勒斯坦，种植柠檬已经有数个世纪的历史了。哥伦布为了抗坏血病，带上柠檬去航海，并将它引进新大陆：他在 1493 年把柠檬带到了海地，随后又带到了中美洲。同一时期，葡萄牙人把柠檬种植在了巴西，到了 16 世纪末，柠檬的栽种延伸到了佛罗里达。法国的芒通市是柠檬之都，从 11 世纪开始就生产柠檬香精，并从 15 世纪开始出口柠檬。从前，人们把采集来的柠檬放在“刺盆”中，这种容器里有尖头，可以戳破柠檬皮上的腺体，从中获取香精。如今，人们使用一种特殊的机器：pélatrice 去皮机。

维纳斯水

1820 年，人们所非常喜爱的“维纳斯水”，它的配方如下：取 6 个左右的柠檬，把它们切成薄片后泡入一夸脱（约 0.93 升。——译注）牛奶中，加入一盎司（25—33 克。——译注）白糖和一点明矾，用隔水加热法蒸馏。每晚用维纳斯水来擦洗脸部，可以令皮肤有光泽。

用柠檬漂白：结果会变红

柠檬因其众多的药效而闻名，尤其是它帮助皮肤抵

抗细菌的功效。长久以来，人们用柠檬为伤口、昆虫咬伤以及例如患湿疹后的受感染皮肤消毒。数世纪的爱美女士也用去污力极强的纯柠檬精油来美白皮肤，淡化那些“损坏气色和皮肤透明度的”雀斑。人们曾用柠檬纯精油制成了各种各样会伤害皮肤的美容品，比如卡里的米乳液（lotion callidermique），它在 17 世纪十分流行，以碱、碘化物、硫化钾和柠檬精油为原料，号称能够“使脸色焕然一新，消除皮肤上的包块和不平”。今天人们使用的主要是“柠檬水”。它由柠檬汁加矿泉水制成，其包含的对光线敏感的分子较少，酸性较弱，对皮肤的刺激性也更弱。香皂生产业和制香业都广泛使用柠檬。它也是理想的手部和指甲护理剂，不仅有清洁功效，还能使手部皮肤和指甲更加强健和柔软。

最早，古龙水（“古龙”实为地名“科隆”的另一种音译。——译注）使用的是香柠檬，很快其他柑橘类，比如柠檬，也被加入其中。

王后水、奇妙水和古龙水

佛罗伦萨的新圣玛利亚修道院修建于 1221 年，从它建立之日起，便因它制作的药品和美容品而著称。17 世纪时，它的财富主要源自“王后水”（Aqua della Regina）。这款制剂是将柠檬和其他柑橘类水果在酒精内稀释后得到，其配方不为外人所知，在整个欧洲都很畅销，有很多出色的功效（那时的广告这么说）。一位名叫吉安·保罗·费米尼斯（Gian Paolo Feminis）的销售员用不正当的方式获取了秘方，并立刻在科隆投入生产，以“奇妙水”（Aqua mirabilis）的名字销售这款产品。产品和经营都大获成功，尤其是法国军官因与莱茵军交战而驻扎科隆后。他们十分迷恋这种产品，把它引入到了法国。

古龙水是拿破仑的最爱。他把大量的古龙水洒在自己的马匹、房间和他本人身上。他一个月能消耗 60 升古龙水！

Ma grand-mère le faisait

祖母配方

滋润发膜：在睡前涂抹上椰子汁，并戴上护发帽，第二天早上洗头。每周一次。

椰子树

Cocos nucifera– 棕榈科

可以作任何用途的坚果

美容功效：增添香皂的滑腻感和泡沫，滋润，防护

适应证：护理干燥、受损、皲裂的皮肤，修护晒后皮肤

使用部分：干燥后的果肉

{ 植物学知识 }

棕榈科植物，不分枝的直立茎干可长至 20 米高。• 叶片可长达 6 米，组成冠状。• 雌雄同株（既有雄花又有雌花），叶腋处长出佛焰苞，从中伸出的黄色花朵排列在花轴上。

在庞大的果实中间，是椰子仁。

你看起来像椰子！

Cocho（读作 koko）是 16 世纪意大利人为恐吓孩子而发明的一种妖怪。这个角色后来传入了西班牙，它的名字被西语化为了 *coco*。葡萄牙人也采用了这个名字，四处旅行的他们用 *coco* 来命名椰子树的果实，因为它的果壳上有蓬乱的棕毛。我们不知道椰子树的原产地在哪里，它很有可能来自东洋界（又称印度马来亚区），由于其果实能够在水中漂浮，而且尤其喜爱海岸的砂质土壤，并能在那里生根，因此椰树从东洋界分散到了整个太平洋南部地区。

植物界中的猪

对于生活在海岸线附近的居民来说，椰子树是上天赐予的礼物。椰子树就像猪一样，什么都好。椰子的树叶能够用来做屋顶和手工制品。直立茎干和棕芽也能使用。包裹椰子的纤维部分以及果壳，可以作为燃料或者覆盖物。至于椰子果本身：椰子在尚未成熟时为青色，充满椰汁，椰汁中富含糖分和矿物质，有时候是唯一的饮用水源；成熟后，椰子的种仁可直接食用，也可以磨碎或者在制成

椰奶或椰奶油后用于烹饪。椰子树最重要的产物是成熟的干椰子仁所压榨的油。全世界每年能生产 300 万吨干椰子仁，其中很大部分用于食品工业，剩下的部分用于美容业：它们可以被制成香皂、凝露、洗发水和润肤霜。

莫诺依香精，是波利尼西亚女性拥有美丽头发的秘密之一。

美容业的炸弹

莫诺依香精（monoï）是使用了干椰子仁油的最著名产品。它诞生在太平洋上的一个小岛上。1824 年，杜蒙·杜尔韦勒（Dumont d'Urville）将大溪地栀子花（*Gardenia tahitensis*）带回欧洲后，莫诺依香精便一举成名。波利尼西亚的居民熟知干椰子仁油的所有美容功效，数千年来掌握着这项技艺。将 12 朵大溪地栀子花浸泡在 1 升干椰子仁油内 12 天，便得到了莫诺依香精，它既是药膏也是美容品。它是极佳的晒后保湿产品。1992 年，一项政令将“大溪地莫诺依香精”纳入了原产地命名控制（AOC）这一保护制度。

直到第二次世界大战之后，莫诺依香精才走出波利尼西亚。博拉博拉岛太平洋美军基地的美国大兵们，将莫诺依香精带到了加利福尼亚，不过它在海滩附近的区域止步不前……事实上，真正让莫诺依香精流行起来的是法国航空公司的空姐们。法国在法属波利尼西亚的穆鲁罗阿环礁和方加陶法环礁进行核武器试验的时期，她们会在每次旅行后，将莫诺依香精带到法国本土，并介绍给熟人。因此，法国后来远超美国，成了把莫诺依香精出口到欧洲和全世界的中转站。

与气对抗的炭

通过将椰子壳炭化可以得到植物活性炭。这种炭有许多孔洞，可以大大增加用于吸收的表面积，这使它成了最强大的源于自然原料的吸附剂。这种活性炭可以吸收各种气体中的不纯净物质，比如消化道中的气体，它也可用于制作除味过滤器，或用在化工领域。

Fig. 357. — *Cocotier.* (10 à 25 m.)

Ma grand-mère le faisait

祖母配方

祖母配方以及祖母的祖母的配方！把榅桲籽儿在温水中碾碎，直到获得一种薄薄的啫喱。可把它作为使皮肤柔嫩以及抗皱的面膜。

榅桲

Cydonia oblonga– 蔷薇科

发膏出现之前

美容功效：收敛剂，胶浆剂，缓解皮肤和黏膜的疾病
适应证：可制成使头发光滑的软膏、舒缓和柔嫩的乳液、面膜
使用部分：籽粒

{ 植物学知识 }

5—8 米高的落叶矮木。• 单叶，互生叶，叶片边缘和下侧有茸毛。• 花朵呈粉色至淡紫色，5 片花瓣，5 月开花，果实坚硬，内含籽粒，秋季成熟。• 过去常用作梨树的砧木。

万能种子

把榅桲籽粒压碎后泡在水中，便能得到一种乳液，它能舒缓皮肤问题，比如脱皮性皮疹、冻疮、嘴唇皲裂、烧伤、手部的湿疹，以及结膜炎、口腔或牙龈疾病、口腔溃疡、痔疮等。

宙斯的榅桲

榅桲的果实在秋天成熟，呈金黄色。《赫斯珀里得斯姊妹的果园》中的金苹果，不仅是赫拉克勒斯的十二项任务之一，它们也是争论的对象：这些金苹果到底是什么？有些人认为是橙子，有些人认为是榅桲。奥林匹亚宙斯神庙中排挡间饰上的一块浮雕，其上刻画有金苹果，它们看起来和榅桲非常相似。据说，山林仙女发明了蜜渍榅桲来安抚大声哭喊的婴儿宙斯。在帕拉狄乌斯（古罗马人，活动于公元 4 世纪前后。——译注）所著的《论农业》以及科鲁迈拉（公元 1 世纪的古罗马农业学家。——译注）所著的《论农业》中，都记

载了蜂蜜榅桲的配方。里面要加胡椒，这是当然的！

很好的软糖

榅桲树原产高加索和波斯地区，早在四千年前，伊拉克和巴比伦就已经栽种榅桲树了。随后，它被传入到东欧和南欧，在克里特岛的一个城邦库冬（Cydon），希腊人栽培出了一种极受欢迎的品种，榅桲的学名 *Cydonia oblonga* 便由此而来。榅桲的名字与其果实和新枝上覆盖的茸毛有关。事实上，榅桲的俗名，Coing，来自拉丁语 *malus cotoneum*，意为“毛茸茸的苹果”。从希波克拉底（生活于公元前 5 世纪的古希腊医师。——译注）到 17 世纪的医生们，包括阿拉伯医生，都认为榅桲软糖不只是一种美味，还是消化系统的收敛药，可治疗腹泻、痢疾和肠炎。榅桲软糖在西班牙半岛被称作 dulce de membrillo，非常受西班牙和葡萄牙人喜爱。据说，8 世纪时，在杜省的博姆莱达姆建立修道院的本笃会修女，发明了法国版的榅桲软糖。

洗发露

从 19 世纪开始，法国人便使用一种名叫潘多林（Bandoline）的芳香而黏稠的润发浆来使头发平顺。它的原料是榅桲籽中含有的一种黏液。直到第二次世界大战之前，这种发油都被广泛使用，而英国士兵带到法国的发膏（Gomina）以及后来的美发油（Brillantine），则使潘多林逐步被淘汰。人们曾经主要使用植物胶，比如富含黏液的榅桲籽或者西黄蓍胶。它们会在头发上包裹一层膜，干燥后会裂开，并在梳头时剥落。后来，植物胶被合成胶取代。

被发膏替代前，潘多林曾经让男士们的头发闪闪发亮。

治疗衰老皮肤的榅桲皮

以前的女性用浸泡过碾碎的榅桲籽制成面膜，来抗皱和使肌肤细嫩。她们也将榅桲的果皮或者整个榅桲泡在 45 度的酒精中，来获取一种美容液。不过酒精还是有点刺激的，她们的皮肤肯定非常坚韧吧！

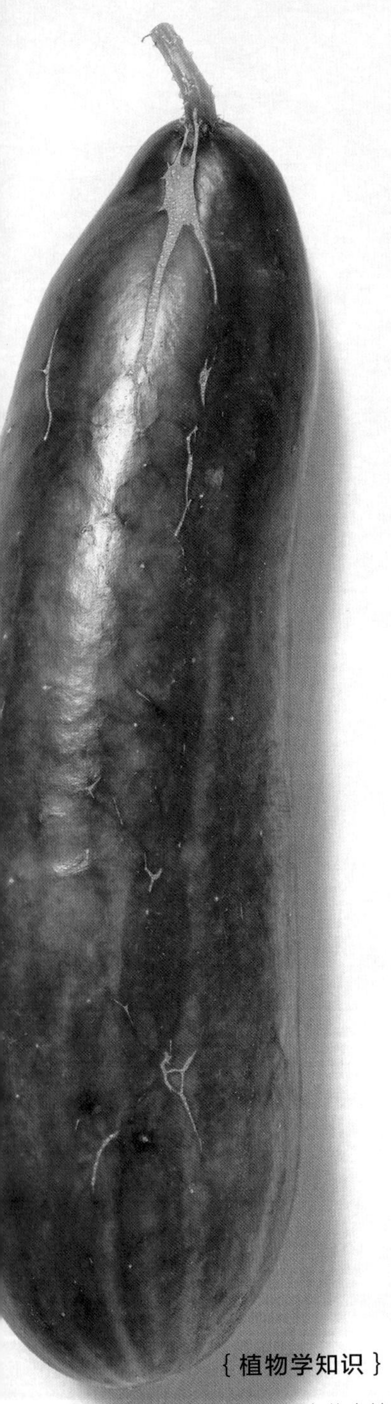

Ma grand-mère le faisait

祖母配方

把半根黄瓜压成泥状，加入 2 大勺稀奶油和 2 大勺面粉。作为清洁面膜使用，敷 20 分钟后洗去。

黄瓜

Cucumis sativus– 葫芦科

花园中的印度人

美容功效：使皮肤柔嫩、保湿，清爽、干净
适应证：脱水的皮肤，敏感或发炎的皮肤，晒后护理，治疗酒糟鼻
使用部分：果实

{ **植物学知识** }

一年生草本植物，匍匐植物，大型互生叶。• 雌花和雄花区别较大，淡黄色，整个植物生长期都开花。• 果实为长条形绿色浆果，可以长到 30 厘米长。

让园丁们头疼的东西

八千到一万年前，野生黄瓜在喜马拉雅山麓自由生长。五千年前，也就是中国农业形成的时候，人们开始驯化它。对黄瓜的栽培随后向西发展，最后到了中东地区。古埃及人十分喜爱黄瓜，古希腊人用它来烹饪。古罗马人也是如此。普林尼记载道，古罗马皇帝提贝里乌斯每天都享用黄瓜，他用名叫 garum 的一种鱼酱，或者是蜂蜜作调味料，以减少黄瓜的苦味。那时候，园丁把黄瓜栽种在铺有云母片——它们和玻璃窗的功能相同——的框中。

后来黄瓜传入了法国。查理大帝下令栽种黄瓜。17 世纪，凡尔赛宫的园丁拉昆提尼（La Quintinie）把它作为一种时鲜在暖房里种植：路易十四十分喜欢用黄瓜制成的蔬菜汤和沙拉。黄瓜于是成了菜园中常见的蔬菜，不过，园丁们不得不面对两个难题：让黄瓜瓤不苦，以及使黄瓜不要长得弯弯曲曲。

人们试验了各种各样的方法：在嫩黄瓜的下部垂挂重物，把生长期的黄瓜放入玻璃管中，等等。没一个管用的！后来，研究者通过坚持不懈地筛选栽培，才解决了形状规

则和去除苦味的问题。

美容业的标杆

古埃及和古罗马的女性们很早就发现了黄瓜滋润皮肤的功效，把瓜瓤压碎后制成面膜使用。确实，黄瓜里能喝的部分比能吃的部分多多了：它含有 96% 的水分，摄取区区 15 卡路里的黄瓜能获得 100 克的矿物质和维生素 C。我们可能会破除一个传说，在历史上的各种讨论美容品的论文中，我们都没有找到直接把黄瓜片敷在脸上的记载。不过，这种做法没有任何坏处！

17 世纪时，人们制作一种黄瓜水来使皮肤湿润与柔嫩。在美容配方中，我们能找到大量的用压碎的黄瓜瓤制作的乳液和面膜：比如滋润嘴唇的软膏，用于保湿、舒缓，并使气色清新、肤色白皙的乳膏和乳液。

现代美容业的开端

1840 年，娇兰，也就是娇兰集团和品牌的创始人，授权了一款在后来大为流行的护肤品：黄瓜霜。它号称能给肌肤带来各种好处：保持皮肤的弹性，防止日光的伤害，使皮肤柔嫩。贵妇们十分迷恋这款产品，生产商所宣传的产品功效，在当时的美容业颇具革命性，因为它突显了真正让皮肤舒适的作用，因此可以将它视为 19 世纪美容品的开端。

雀斑

近期的研究表明，黄瓜含有多种酶，能够抑制黑色素（它们是皮肤长斑的罪魁祸首）的产生，从而治疗色素沉着形成的斑。

由于它的形状和它含有大量的籽，黄瓜被视作多产的象征。

黄瓜的高调时光

18 世纪时，巴黎的歌剧女演员用碾碎的黄瓜籽做面膜，再用玫瑰水洗去，以舒缓她们演出时饱受浓妆刺激的皮肤。黄瓜面膜深受演员以及贵妇的喜爱。

祖母配方

使皮肤柔嫩的水：把一撮虞美人干花放在杯子中，用沸水浸泡10分钟，过滤后使用。

虞美人（丽春花）

Papaver rhoeas L.– 罂粟科

好罂粟

美容功效：使皮肤柔嫩、保湿，抗衰老

适应证：美容品的染色剂；敏感或发炎的皮肤，干性皮肤

使用部分：花

{植物学知识}

一年生植物，可长至25—80厘米高。• 茎细，有茸毛，叶片边缘有细小的锯齿。• 花为艳丽的红色，有4瓣花瓣，有褶皱，下部有黑色斑，雄蕊众多。• 果实为蒴果，内含大量球形种子。

充满诱惑的镇静剂

但愿每个爸爸（papa）都不会感到受伤。不过凯尔特语中，papa指的是一种糊。罂粟科（Papavéracées）这个单词的词根papaver，正是来自这种糊，因为过去凯尔特人有时会在幼儿吃的糊中加入虞美人汁来让他们入睡。

事实上，虞美人的花瓣里含有多种生物碱，它的镇静作用便来源于其中的丽春花定碱（*rhoeadine*）。花瓣里含有的花色素苷的衍生物使虞美人呈红色，并具有抗氧化功效，也就是抗皱的功效。而它的黏液则能够使皮肤柔嫩。在摩洛哥，因为美容品业的需求，人们大量种植虞美人。人们在五六月采摘虞美人的花瓣，之后把它们放入40摄氏度的水和酒精的混合液中浸泡，以提取其中的有效物质，并通过在真空中蒸发，将其转化为高浓度的滤渣。

虞美人染红嘴唇，再染红面颊。

面颊上的红色

在18世纪的法国，红色的脂粉十分流行，它能突出白色脂粉，以衬托出每个

贵族女子都该拥有的雪花石膏般白皙的肌肤。那时有各种各样的名为“虞美人带”（ruban ponceau）的产品。Ponceau一词来自poncel，是古法语中虞美人的另一个名字。人们用从虞美人花瓣中提取的颜料将优雅的丝绸或者重磅绉纱染成深红色，便得到了虞美人带。它是宫廷贵妇们自己制作的脂粉之一。虞美人染的织物十分容易褪色，用干的或者由白酒或唾液润湿的丝带摩擦面颊，便很容易在脸上留下色彩。

罂粟不仅是一种毒品，也是一种美容品。

涂嘴唇的石头AKER FASSI

在阿拉伯语里，*aker* 指“混合物”。Aker fassi是柏柏尔女子使用的传统脂粉，她们尤其会用它来为新娘化妆。它看起来是一个粗陶或是玻璃制成的小杯子。杯子的内部曾经被泡在由虞美人花瓣粉末和石榴树皮粉末制成的红色颜料中。使用的时候只需要稍微润湿一下杯子——就像使用水粉调色碟一样——然后用手指或者小刷子涂在嘴上和脸上就可以了。在颜料里面加上一滴蜂蜜，便可得到唇釉的效果。Aker fassi的颜色十分含蓄，让嘴唇和面颊的粉色显得非常自然。

鸡冠红

直到16世纪，虞美人都被称作coquerico，这是古法语中形容鸡鸣的拟声词的一种写法，它很好地比较了虞美人花的红色和鸡冠的红色。

黑罂粟和罂粟油

黑罂粟（*Papaver somniferum* Nigrum）亚种的种子可供食用，其中40%的成分为罂粟油œillette（其词源为oliette，意为产油的）。18和19世纪时，法国北部曾大量种植黑罂粟，因为缺乏橄榄油。这种食用油富含亚油酸，曾经被大量用于肥皂生产，因为它能使肥皂有脂肪般的质地。如今在美容品业中我们也能看到它的身影，因为它富含必需脂肪酸，可以有效促进受损肌肤的再生。黑罂粟的主要种植地是普瓦图－夏朗德区和香槟－亚尔丁区。

Ma grand-mère le faisait

祖母配方

治疗酒糟鼻：在 1 升沸水中浸泡一把干花和干叶子，冷却过滤后使用。

北美金缕梅

Hamamelis virginiana– 金缕梅科

护理脸的树皮

美容功效：收缩毛细血管，舒缓，使皮肤紧致
适应证：敏感或发炎的皮肤，酒糟鼻
使用部分：树皮

{植物学知识}

落叶灌木，可达 6 米高。• 树皮褐色，光滑，叶片形似榛子树的叶子。• 冬天开淡黄色的小花，花瓣为长条形，有 4 瓣，会让人联想到蜘蛛。• 果实为蒴果，冬季成熟，可以从树上释放出 2 颗种子至 10 米远的地方。

北美金缕梅的黑暗面

美国南部棉花种植园里的女性黑奴宁愿堕胎也不愿意让她们的孩子来到世上承受苦难的生活。她们在用棉花根堕胎后，采用北美金缕梅来止住出血。

女巫的榛子树

北美金缕梅原产自美国和加拿大，它们遍布湿润的森林的边缘。北美洲的原住民很早便开始利用北美金缕梅树皮和树叶的消炎和止血的功效来治疗小伤口、出血和湿疹。

欧洲的殖民者很快便学会了利用这种植物，并在 19 世纪时把它列入护理和药用植物的特许种植名录中。原住民从前也利用北美金缕梅的树枝来寻找水源和矿藏，甚至是贵金属矿，例如黄金。这些多叉树枝的这种颇具魔力的用途，也许便是北美金缕梅的俗名——“女巫的榛子树”（noisetier de sorcière）——的来源，如果它们生长在法国的话，它们的俗名可能会是“地下水勘探者的榛子树”（noisetier de sourcier）……

密歇根州的美诺米尼印第安人，用北美金缕梅的种子制成圣珠，在某些医药仪式上使用。

从大西洋的一端到另一端

世界上最大的北美金缕梅供应地，为美国东部的野

生北美金缕梅林区。法国的朗德省也是种植地之一。北美金缕梅于1736年被英国人彼得·科林森（Peter Collinson）引入欧洲，他是皇家学院的成员，与本雅明·富兰克林交情颇深，并且也是教友派（贵格会）的成员。人们从北美原住民处学来的知识，在18世纪便广为流传，直到如今仍被使用。从19世纪中叶开始，人们蒸馏秋季收割的北美金缕梅树枝，其蒸馏物在加入酒精后得到的溶液被称作“北美金缕梅水”，它被广泛用于制作镇痛剂、护肤品和缓解红斑的软膏。

旁氏品牌存在至今，它的成功主要来自北美金缕梅。

北美金缕梅水也被列入美国、加拿大和英国的药典中。在这些国家，人们可以在药店买到这种带有淡淡清香的水性蒸馏物来护理皮肤。

带来财富的北美金缕梅

有一个人在19世纪40年代敏锐地捕捉到了北美金缕梅的价值，他便是纽约州由提卡市的药剂师塞隆·T. 旁（Theron T. Pond）。他推出了“旁氏黄金珍宝水”（Pond’s Golden Treasure），这款神奇的产品以北美金缕梅树皮为主要成分。产品大获成功，使他得以在几年后，也就是1849年，与几位合伙人一起创办了旁氏公司来生产和推广他的产品。

旁氏公司在1886年改良了这款产品，将其命名为“旁氏水”（Pond’s Extract）。由于产品的成功，旁氏成了美国主要的美容品生产商之一。如今它隶属于食品与消费品公司联合利华（Unilever）。

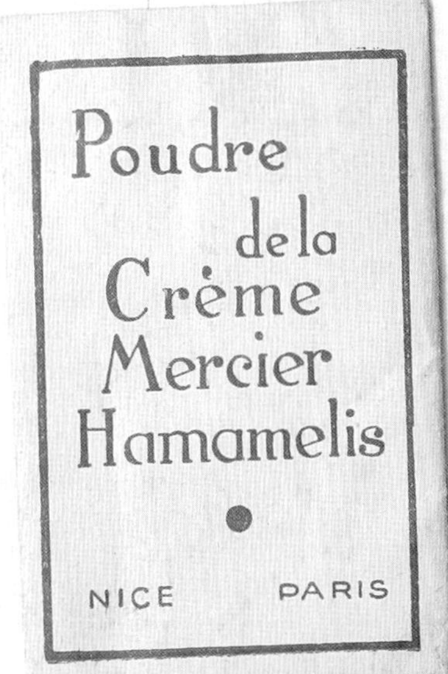

北美金缕梅粉能够拯救美丽却带有红斑的脸颊。

祖母配方

可缓解干燥和易断头发的发膜：混合 2 大勺散沫花叶磨成的粉末，3 大勺沸水和 3 大勺酸奶。涂抹在干的头发上，保留 20 分钟后洗去。

散沫花（指甲花）

Lawsonia inermis L.– 千屈菜科

魔法与诱惑

美容功效：身体染色剂，棕色头发染发剂，滋润，使有光泽，去头屑，抗菌，脚掌止汗剂

适应证：棕色和暗淡的头发，汗脚

使用部分：叶片

{ 植物学知识 }

有刺的小灌木，1—5 米高。• 常绿，叶片为灰绿色，细长渐尖。• 小白花，构成花束，有 4 片花瓣，带有香味。• 果实为蒴果，内有棱锥体形的种子。

原产地

散沫花原产自印度西部，如今在几乎所有的热带和亚热带地区均有栽种。它是最古老的用于织物和身体的染料植物之一。种植散沫花需要大量水分。每年在开花后的 5—11 月可以有三次收成。散沫花的树叶在阴干后被研磨成细腻而带有脂肪质的绿色粉末，一般都以这种形态出售。古埃及人利用生长在尼罗河沿岸的散沫花染头发和假发。人们在一些木乃伊身上找到了散沫花的痕迹，其中便包括拉美西斯二世。这些木乃伊的手、脚和头发上都涂有散沫花。

一点化学知识

散沫花的树叶里含有一种橙红色的天然染料，指甲花醌，或者叫散沫花醌，它与印染业使用的胡桃中含有的胡桃醌属于同一种化合物，即萘醌。将散沫花树叶的粉末放在酸化后的温水中发酵，就能得到指甲花醌，但它在两到三天后会发生转变，液体便不再有染色的功能了。指甲花醌作用于构成角蛋白的氨基酸，这些角蛋白存在于皮

肤、指甲或者头发中。这个化学反应被称作“迈克尔加成反应”，它根据角质部分的厚度，可能需要较长时间，因此常常需要一种添加剂，比如糖来使散沫花汁在发生作用时保持性状。说到这里，在做暂时性的文身（body art）时，一定要注意“黑色散沫花”，这是一种含有对苯二胺的散沫花。对苯二胺是一种添加剂，可以加深加固色彩，但是可能会导致文身部分产生湿疹或过敏反应。用糖作添加剂更好！

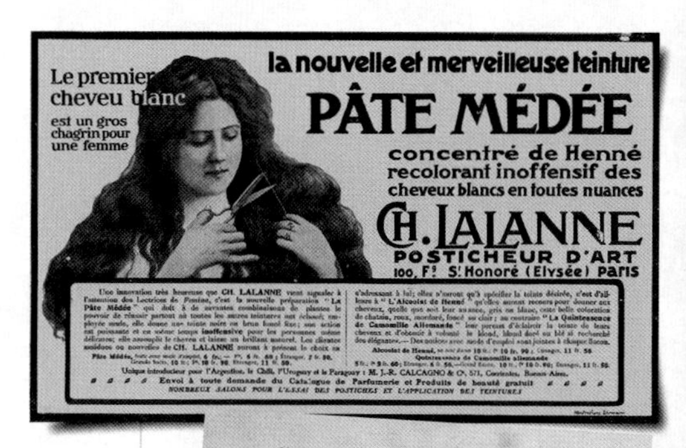

“发现第一根白头发对女性来说是很伤感的事情”，还好有散沫花。

散沫花和好运气

散沫花能够染头发、身体和织物，曾受到各种文明的青睐：古希腊人、希伯来人、早期的基督教徒、穆斯林和印度人都曾使用它。在各种宗教中，伊斯兰教尤其将散沫花融合到了宗教仪式中。散沫花还是伊斯兰教天堂里的植物之一，它能使人们远离魔鬼、邪眼、嫉妒等的侵扰。因此散沫花在穆斯林一生的重大事件中扮演了重要角色。在马格里布地区的传统中，最重要的仪式便是“散沫花之夜”，它在婚礼的七天前进行。一位 *hanaya*（这是由母亲到女儿代代相传的一种职业）用散沫花在新娘的手上和脚上画上不同的图案：点象征着家庭，螺线象征着和谐，等等。这些图案通常能保留将近三周时间。

散沫花也能用在胡须上！

从头到脚都能派上用场的散沫花

散沫花以它的医药价值和芳香气味闻名。它不仅能够使头发更加强健，也能防止汗脚。法国人主要将它作为头发和身体的染料使用。它能让褐色的头发带有赤褐色的光泽，根据染发膏停留时间的不同颜色会略有区别。人们也用它染白发，不过这种操作需要补充第二个步骤，即用靛青色再染一次头发。

中性的散沫花

生长在西非的一种多年生豆科植物，卵叶番泻（*Cassia obovata*），也具有类似散沫花修护头发的功能，不过不能染色。人们以它的叶片为原料制成发膜使用。

Ma grand-mère le faisait

祖母配方

卸妆水：在250毫升水中煮沸一把玫瑰茄花，浸泡20分钟后过滤。

玫瑰茄（洛神花）

Hibiscus sabdariffa– 锦葵科

它掌握的技艺可不止一项

美容功效：保湿，使皮肤恢复活力
适应证：日常皮肤护理
使用部分：干花

{植物学知识}

可长至5米、高5米宽的灌木。• 互生单叶，叶片为椭圆形或矛尖形，边缘有锯齿。• 紫色花朵，独立生长或组成花束，有5片萼片加5片花瓣，雄蕊相连，构成一个长长的管子，从中伸出雌蕊的花柱。

非洲货

玫瑰茄的名称 *hibiscus*，来自希腊语 *hibiskos*，意思为蜀葵。事实上，这种热带的植物是我们熟悉的蜀葵的近亲，也是我们田野里的锦葵的近亲。它甚至还是邻居家被称作木槿的小灌木的近亲，实际上这种小灌木也叫“锦葵树”，是木槿属的一种植物。

玫瑰茄原产自非洲西部，如今它的种植已经遍布其他的热带和亚热带地区。人们早在古代就认识这种植物了，埃及和东南亚都种植玫瑰茄，因它可做观赏植物，水果可供食用，并且玫瑰茄花有镇痛和舒缓的功效。12世纪时，玫瑰茄由摩尔人带到了西班牙。

玫瑰茄对农产品加工业而言极具价值，因为它的所有部分都有用处。它的干花可以作为冰激凌、果酱和饮料的原料，而且还是一种食用色素。嫩芽可以作为蔬菜食用，从玫瑰茄种子中可以压榨出富含欧米伽3脂肪酸的食用油。传统医学认为，玫瑰茄花可以治疗咽喉疼痛。

喝玫瑰茄水

美容业使用得最多的玫瑰茄品种富含维生素C和矿物质。在好些国家，人们用它来泡水喝，这种略带酸味的清凉解渴的饮料，可以热饮也可以冷饮。塞内加尔称它为bissap，埃及把它叫作 *karkadé* 或者 carcadet，在埃塞俄比亚，它的名字是“阿比尼西亚玫瑰茶”。

慷慨而动人的玫瑰茄花

早在古埃及，人们就已经认识到玫瑰茄干花的美容功效了。今天，市场上出售的一般是玫瑰茄花的浓缩物或粉末，可以用作脂粉、面霜、乳液或浴水的染色剂。玫瑰茄花鲜艳的红色主要来自花色素苷。花色素苷是植物染料的重要成分，同时也有抗氧化的功能，对身体，尤其是对皮肤有益。玫瑰茄花也含有一种黏液，它可以起到舒缓的作用。

胭红里能看到玫瑰茄的身影。

它在美容领域的用途还不止于此。用臼稍微捣碎后的干花，可以作为温和的磨砂膏使用。在印度，人们把磨成粉的花瓣和水以及黏土混合，制成滋润头发的发膜。

美容家族

锦葵科的其他一些重要的植物也被广泛用于美容业。

锦葵

Malva sylvestris L.

可以治疗一切的药用植物

锦葵是多年生草本植物，可长至20—80厘米高，互生叶，花为粉色或者淡紫色，有纹理，果实为瘦果，呈环形，让人联想到一种奶酪，因此锦葵别名 *fromageon*（羊奶软干酪）。数千年来，人们使用在夏季采摘经过干燥后的锦葵叶和花来治疗风寒和感冒，因为它们具有祛痰和镇痛的功效。普林尼大大称赞锦葵，他说锦葵煮过的根

锦葵科的另一种植物，香葵（*Hibiscus abelmoschus* L.）的种子也可以压榨出一种富含脂肪酸的物质，它被称为香葵脂或香葵油，因其带有琥珀和麝香的气味而被用于高档香水制造。

能治疗 *furfures*，也就是头屑；他还说，希波克拉底直接把锦葵花和叶敷在伤口处，并让伤者饮用一种用锦葵根制成的汤药。因此，直到 19 世纪，巴黎的医院附近都种有锦葵。美容业感兴趣的是锦葵的花，因为它含有黏液，能滋润皮肤，使之更柔滑，还可舒缓发炎、充血的皮肤或者酒糟鼻。

猴面包树

Adansonia digitata L.

稀树草原上的近亲

非洲大陆和马达加斯加岛上的这种传奇植物有着鼓起的树干，真是令人惊讶的亲戚。猴面包树极为耐旱，可以活到 3000 岁。阿拉伯语中的 *bu hibab* 意为“包含很多种子的果实”。猴面包树的果实是猴子的美味，因此被叫作“猴面包”。在雨季的两个月中，猴面包树的花朵在夜幕降临时绽放，在黎明时分凋谢。它们浓烈的香气能吸引蝙蝠，尤其是雄性狐蝠，它们在大快朵颐之时能够帮助授粉。猴面包果富含维生素 C，它的果瓤可以制成一种提神的饮料。它含有三十来颗小种子，从中提取一种可供食用的、带有榛子香味的深黄色油。猴面包果油因其消炎的功效被纳入了塞内加尔的药典。这种油能够滋润皮肤，使肌肤柔嫩，对干性、紧绷或皲裂的皮肤十分有效，还能抗皱。人们也用它护理过于干燥的、短而卷曲的头发。

草棉

Gossypium herbaceum L.

像棉花一样柔和的油

这种常绿的小灌木可长到 1—1.5 米高，原产自印度。它生长在热带或者暖和的温带地区。夏天，草棉会开出黄色或粉色的大型花朵，花中间有紫色的斑纹。草棉花在开放 12 小时后便凋谢了，结出一种蒴果，里面有 20—50 颗含油量高达 40% 的黑色种子。每颗种子的外面裹着数千根 10—55 毫米长的纤维。蒴果成熟后会裂开，释放出棉花团。通过冷榨法，可以从黑色的种子中提取一种食用油，它在非洲和中亚已经有数千年的使用历史了。这种油富含欧米伽 6（超过 50%）和欧米伽 9（超过 20%）脂肪酸。草棉油为黄色，没有什么气味，稀薄而利于吸收，可以滋润和帮助皮肤重生，被用于生产针对大龄、干性以及受损皮肤的香皂和美容品。

可可树

Theobroma cacao L.

美味的美容品

您最爱的巧克力店老板会充满激情地告诉您，人们是怎么用可可树的果实来制作巧克力的。其实可可脂也可以被用于保持美貌。它富含维生素 E，后者是植物油脂绝佳的天然防腐剂。它还含有硬脂酸，这是一种饱和脂肪酸，可以让物质保持固态。可可脂在常温下是固态的，只在 34 摄氏度以上的温度下才会融化，因此是配制面霜和唇膏的极好材料。在很早之前，玛雅人和阿兹特克人就是这么做的。他们发现了可可脂的滋润功能，所以把可可脂膏收录到了他们的药典里，用来修复皲裂和烧伤的皮肤。欧洲人发现美洲大陆后，这一知识很快便越过了大西洋：1579 年，西班牙国王费利佩二世的御医奥古斯丁·法尔凡（Agustín Farfán），在一篇论文中提到了可可脂的功效，这是欧洲最早对可可脂功效的记录。

Ma grand-mère le faisait

祖母配方

消除妊娠纹：混合 5 滴蜡菊精油和 2 大勺麝香玫瑰油。不要在孕期使用。

蜡菊

Helichrysum stoechas,Helichrysum italicum– 菊科

修复的阳光

美容功效：促进胶原蛋白的生成，促进微循环（最好的促进细胞新生的物质），抗氧化

适应证：各种类型的皮肤，抗皱，抗黑眼圈，重组表皮，促进组织重生

使用部分：干花

{ 植物学知识 }

半灌木，树丛可长至 25—50 厘米高。• 有大量的细长立茎，下部为木质，有茸毛。• 小型互生叶，常绿，叶片呈线状，细长，银灰色。• 花：淡黄色苞片组成头状花序，5—6 月开花。• 果实：小型瘦果，尖端有长长的穗丝，有小而亮的白色腺体。

波拿巴的鼻子

拿破仑 · 波拿巴说，他在踏上故乡的土地之前就能闻到蜡菊的味道。同没药、乳香、黄连木和科西嘉黑松一样，蜡菊也是构成科西嘉丛林独特气味的芳香植物之一。它的花朵和有皱痕的树叶释放出一种极具东方色彩的香气，让人联想到咖喱和咖啡豆。这种香气构成了部分香水的香调，比如娇兰的“英雄之心”（L’Âme d’un Héros）。拿破仑一定很喜欢这个名字。

金色的阳光

法国蜡菊（*Helichrysum stoechas*）遍布从布列塔尼到滨海阿尔卑斯地区的所有石山。意大利蜡菊（*Helichrysum italicum*）则生长在从普罗旺斯到科西嘉岛的石灰质荒地灌木丛中、山坡上和丛林里。蜡菊的名字据说来自 *Helios*，即古希腊的太阳神和 *chrysum*，意为黄金。这株献给夏至的金色阳光拥有特殊的魔力。曾经，科西嘉岛的牧羊人会利用蜡菊消血肿的功能，把花束敷在折断的羊蹄子上。

蜡菊精油可以镇痛，帮助伤口愈合和修复，因此常

被用来外敷扭伤或挫伤的地方。它作用于血液循环系统，据说可以增强免疫力。在蜡菊精油的各种成分中，最有效的是属于酮类物质的意大利酮，它能够帮助皮肤的修复和再生，强化毛细血管壁，促进微循环。这些功效让蜡菊精油在美容业占据了一席之地，它被用于促进细胞新生和治疗酒糟鼻以及痤疮。不过，孕期和哺乳期的妇女不能使用蜡菊精油。蜡菊水里也含有一些有效成分，不过浓度较低，可以作卸妆水使用。

蜡菊是（Immortelle）“永生的”（法语中Immortelle一词字面上就是“永生”的意思。——译注），它的干花能保持数月形状，其颜色也不发生改变。

被密切监测的科西嘉岛

如今，野生的蜡菊在大部分地区是受保护的物种。因此，意大利蜡菊的生产主要是靠人工栽培，它集中在科西嘉岛西北部的巴拉涅地区。5月是收获的季节，其精密程度不亚于著名葡萄酒产区的葡萄采摘：整片种植园都受到监测，园主一天可能会来巡视四次。采摘必须在开花季的某个特定时间进行：花朵得出现“黑点”或者说“小洞”——人们用这些词来形容花瓣间极小的可以露出花心的空隙。这个空隙的直径不应大于1毫米，才能保证花的储存。割下花朵和茎都是通过手工操作，然后将它们放在大的方布上，并趁着它们还新鲜的时候就被运往蒸馏厂。采用蒸汽蒸馏法提取精油。约25千克的鲜花只能生产出10毫升精油。蜡菊精油的味道类似玫瑰和洋甘菊。

不要抹太多腮红来掩饰红斑，用蜡菊吧！

瓦尔省的蜡菊

19世纪初，一位园丁在马赛的市场上买了几株有着大朵花朵的蜡菊，它们来自克里特岛和罗德岛——在那里，蜡菊在野生状态下蓬勃生长。

这种多年生的草本植物并不娇气，很快就适应了瓦尔省南部山丘地区的气候，并被大量种植，用于干花生产。

1868年以来，邦多市专门从事制作献给死者的蜡菊花冠。

可以通过咀嚼鸢尾花的根来美白牙齿和使口气清新。

鸢尾花

Iris germanicas, Iris pallida– 鸢尾科

从高档香水到假发上的香粉

美容功效：带有紫罗兰和含羞草的香味；可以治疗疣子和老茧；去角质；去异味
适应证：可制成香粉，去角质霜，美白牙齿的物质
使用部分：干燥后的根

{ 植物学知识 }

多年生植物。• 具有鳞茎或根茎，矛尖型叶片，遍布整个北半球。• 鸢尾属包含有 300 多个种以及数千个栽培品种。

古代的根状茎

人们用艾里斯（Iris），即乘坐着彩虹的众神之信使的名字，来命名鸢尾花。早在古代，人们就已经使用鸢尾花了，因为它干燥后的根状茎能散发出醉人的芳香。鸢尾花是一种重要的药用植物。采摘鸢尾花还有相应的仪式：泰奥弗拉斯托斯（公元前 4 世纪的古希腊哲学家和科学家。——译注）说，人们在采下鸢尾花后，需要在它原先生长的地方放上一块蜂蜜蛋糕。普林尼和迪奥斯科里德斯记载了鸢尾花治疗呼吸疼痛或腹部疼痛的功效，并且赞扬了它的芳香以及它消除“身上的斑点和各种赘疣”的腐蚀性功能。从 17 世纪开始，人们主要使用的是鸢尾花磨成的粉末和用以喷假发或涂抹头发的香粉，要知道路易十四时代的人们可从不洗头……我们的祖母也在擦脸的米粉里加上鸢尾花粉。

昂贵的鸢尾花

通常，10 吨的鸢尾花干燥根状茎才能提取出 3.5 千克—4 千克的鸢尾酮。在 2005 年，1 千克的鸢尾花纯香精油大约价值 10 万欧元，而带有紫罗兰和含羞草香调的鸢尾花脂，1 千克能卖到 1 万—1.5 万欧元。

从阿特拉斯到托斯卡纳

在法国，人们很早就开始种植鸢尾花了。查理大帝命令他的总管们种植鸢尾花，那时，人们把鸢尾花称作

Gladiolus，即宝剑，因为它的叶子形似宝剑。长久以来，人们都利用它的根状茎所带有的紫罗兰香味来熏衣物，加之它美丽又奇特的花形，这使鸢尾花深受园丁的喜爱。如今，最主要的鸢尾花根状茎生产国是摩洛哥（德国鸢尾花，*Iris germanica*），其次是意大利（香根鸢尾花，*Iris pallida*）。香根鸢尾花也常被叫作佛罗伦萨鸢尾花，它的种植及其相关的香水生产，曾经长期是托斯卡纳地区的特权。1835年，一位名叫夸菲耶（Coiffier）的人把香根鸢尾花从佛罗伦萨引入到了法国，并在位于大哥伦比山的山脚、罗讷河右岸的昂热勒福尔市（隶属安省）展开栽培。据说，这些鸢尾花的根状茎比佛罗伦萨生产的还要好，为里昂、巴黎、马赛和格拉斯的香水厂提供原料。不过由于香水商掮客过度剥削鸢尾花农，鸢尾花的种植最终走向了衰落。这个品种继续生存着，却野化了，自由地生长在罗讷河附近山丘的灌木丛中。20世纪70年代，人们重新找回这些鸢尾花并试图重启种植业，但并未成功。

鸢尾花粉和米粉的混合物曾经被用于喷洒头发、美白牙齿以及涂抹贵妇的美丽鼻子。

一点化学知识

鸢尾花的根状茎含有鸢尾酮（一种芳香分子）的前体。鸢尾酮的气味强烈，因此受到制香业青睐，也解释了为什么鸢尾花粉末能如此闻名。

在托斯卡纳地区，人们在秋天摘取鸢尾花根状茎，用手工剥掉外皮，经过干燥两年之后，将它们磨成粉末，再把粉末浸泡后蒸馏出一种精油。它在常温下会凝固，因此被称作“脂”。如此长的干燥期，是为了保证氧化作用能使芳香分子的前体 *iridal*，转化成带有紫罗兰香气的鸢尾酮。后期的蒸馏工序能提取出纯香精油，里面鸢尾酮的含量能达到95%。

鸢尾花闻着像紫罗兰，可不是由于它的颜色，而是因为它的根状茎含有鸢尾酮。

祖母配方

预防妊娠纹：两手搓化一点乳木果油，在每晚涂抹。

乳油木

Vittellaria paradoxa– 山榄科

非洲稀树草原的黄油

美容功效：恢复皮肤活力，保湿
适应证：日常皮肤护理
使用部分：果实

一种神圣的树木

所谓的乳油木带并不是什么衣服的装饰品或者非洲的某种仪式，而是指商人们命名的一条地理带，它的北面从马里延伸到苏丹，南面则从多哥延伸到乌干达。在沃洛夫语中，乳油木（Karité）意为“产脂树”，而这种乳木果脂是非洲大陆16个国家的特产。乳油木被认为是神圣的，人们既不会砍断它也不会毁坏它。在西非，过去人们会把驾崩的国王葬在中空的乳油木树干里。乳油木的寿命在三百年左右，但是它会受到丛林火灾的威胁。如果人工栽种乳油木，从埋下一颗种子到收获第一批果实，中间需要十五年时间。当乳油木成熟后，也就是树龄达到二十五年后，一棵树可以结20千克左右的果实，也就是5千克左右的干种仁，可以提取出1千克不到的乳木果脂。如此漫长的等待期，使得乳油木从来没有被系统种植过，人们普遍都是见机采摘。

{植物学知识}

树木可长至10—15米高，树干较短，可有3米左右高，直径1米。• 根系弯曲，可以防止水土流失。• 乳白色花，伞形花序，叶落后开花。• 果实被称作乳木果，为卵球形的浆果，内含一个或两个白色种仁，种仁的一半重量都是油脂性物质，外围是厚厚的果肉。

乳木果脂的生产

在一些国家，乳油木在国民经济中占据了重要地位。

乳油木是非洲特产，不过我们今天也用它来做护肤品。

对乳木果的采摘、制取和销售工作在传统上都由女性完成，她们在7—12月的主要时间都献给了这项工作，尤其是在第一生产国尼日利亚，以及马里、布基纳法索、尼日尔、贝宁和苏丹。

乳木果的采摘在6—9月进行，也就是在季节性强风过去之后。它们会被堆积起来，直到成熟的乳木果快要发烂。果肉在几天内还能食用，之后就得扔掉了。去除果肉后，人们会洗干净果仁，放在炉子里烤，然后捣碎，取出包含有乳木果脂的种仁。这些种仁会被研碎，并放入热水中搅拌。在长时间熬煮这种混合物后，人们剔除不干净的东西，取出浮在表面的乳木果脂。经过冷却和搅拌后，乳木果脂就可以使用了。人们会把它们压成一块一块，做成各种各样的形状。

神圣的乳油木

乳油木是神圣的，人们会在接纳仪式或者婚礼上赠送乳油木，以表示对家庭关系的尊重。从出生开始，婴儿就会被涂抹上乳木果脂，乳油木将伴随他终身。

其他用途

这种固态的乳木果脂只在温度达到33摄氏度以上才会融化，这大大地方便了商品在本地市场的交易活动，只要太阳不要太厉害就行。就像上文所说的，当地人会把它压成各种形状来售卖。乳木果脂的味道和黄油差不多，不会产生哈喇味，并且可以全年食用。在非洲传统美食中，人们把它作为烹饪用的油脂。人们也用乳木果脂来做肥皂，或者作为能源。

这是一块乳油木香皂，直接来自布基纳法索。

在欧洲，人们常常在巧克力生产中用乳木果脂代替可可脂。在美容领域，它可以被添加到洗发水以及各种润肤产品中。

祖母配方

在月桂叶制成的温热汤剂中泡脚，可缓解汗脚。

月桂

Laurus nobilis– 樟科

所有调味料的荣光和美味

美容功效：净化，除菌，收缩毛孔，使头发恢复活力；美容业通常使用的是月桂叶片的水性蒸馏物

适应证：有痤疮倾向的混合性和油性皮肤，暗淡和易碎的头发，剃须后的护理

使用部分：叶片、浆果

先通过你的中学毕业会考吧

森林女仙达芙妮为了躲避阿波罗的热烈追求而化身成了一种灌木，人们后来给这种灌木取了她的名字：在希腊语中，月桂树的名字便是达芙妮（Daphné）。绝望的追求者于是摘下月桂的树枝来装饰自己的头发和齐特拉琴，把它献给胜利、歌声和诗歌。德尔菲的皮提亚竞技大会是为了纪念阿波罗战胜巨蟒皮同而设立的，竞技大会的奖品就是一顶桂冠。这项习俗延续到了古罗马时期，人们会给胜出者颁发一顶桂冠，不管他是诗人还是运动员，是战士还是皇帝。中世纪时，通过考试的年轻学者和医生，都会得到一个由月桂树浆果装饰的花冠，在拉丁语中它被称作 *bacca lauri*，这便是法语中 baccalauréat（中学毕业会考）这个单词的由来。

伊斯兰世界后宫里的香皂

著名的阿勒颇香皂里的主要成分之一，便是月桂树浆果榨出的油，它让香皂有了一股丁香和肉豆蔻的香气。东方宫廷的公主们使用的货真价实的阿勒颇香皂中，月桂浆

{ 植物学知识 }

2—7 米高的常绿灌木，在它的原产地小亚细亚，可长至 12 米高。• 叶片为矛尖形，质地坚韧，互生叶，为深绿色，上侧有光泽。• 淡黄色小花，四五月开花，在叶腋处构成花束。• 秋季结果，为黑色浆果，内有一颗含油种子。

果油的含量高达 15%—18%。月桂浆果油是无毒的，但月桂浆果的果核里的油却是有毒的！阿勒颇位于叙利亚的西北部，是世界上最古老的城市之一。在 8 世纪左右，那里生产出了世界上最早的硬香皂，而它使用的当地发明的皂化技术则可以追溯到三千年前。11 世纪时，东征归来的十字军将这种皂化植物油的工艺带回了欧洲，马赛、热那亚和威尼斯的硬香皂生产都得益于这项工艺。

手工制成的膏

阿勒颇香皂不会使皮肤干燥，反而会滋润皮肤。它的生产流程分为三步：混合、切割和干燥。人们将橄榄油、天然的碱和水放入加热至 80—100 摄氏度的大锅中混合，这个过程持续 20 个小时左右。随后，加入月桂浆果油，它可以使香皂膏更加滋润并带有香气。这个有着漂亮绿色的混合物被直接铺在地上，十来天后，人们用手工把它切成 200 克左右的方块。

伊斯兰世界的后宫很好地守护了自己的秘密，后者让欧洲人浮想联翩。不过有一个秘密还是传了出来，那便是使用有美容功效的阿勒颇香皂。

香皂商会在香皂上盖上自己专有的印章，然后把它们摞成几米高的塔，之后便进入了长达九个月的干燥程序。一块真正干燥的香皂能浮在水上。谁想来一块玩小船的游戏？

赶紧把它（盒子里存放的是除螨剂。——译注）拿到市镇废品回收处理中心去！要想用生态的方式除螨虫、蛀虫，没有什么比在衣橱中放一块阿勒颇香皂更有效了。

Ma grand-mère le faisait

祖母配方

治疗油性面部皮肤：煮沸 500 毫升水，加入 2 大勺新鲜或干的薰衣草花，2 大勺迷迭香，浸泡 10 分钟，盖上盖子。倒入毛巾，放在脸上熏蒸 10 分钟。

薰衣草

Lavandula angustifolia Mill.– 唇形科

普罗旺斯的明星

美容功效：净化，抗菌，愈合伤口，使皮肤再生，使皮肤清爽
适应证：油性皮肤，痤疮，疤痕，剃须后的烧灼感，妊娠纹
使用部分：非木质的地上部分

{ 植物学知识 }

多年生半灌木，树丛分枝极多，可长至 80 厘米高。

• 常绿，叶片为线形，有茸毛，嫩叶为灰色，在生长过程中变成绿色。

• 蓝紫色花，穗状花序，6—8 月开花。

薰衣草（Lavande）还是杂交薰衣草（lavandin）

人们种植三种薰衣草：狭叶薰衣草、宽叶薰衣草和杂交薰衣草，后者是由前两种薰衣草杂交得到的，拥有更长的茎（60—80 厘米），上面有一根大花穗，下面两根小穗在两侧，颜色为很纯粹的紫色。狭叶薰衣草的茎较短（30—40 厘米），花穗较小，为泛蓝的淡紫色。杂交薰衣草在野外不存在，其产出量是狭叶薰衣草的 6 倍，它的香气没有那么浓郁，深受洗衣液生产商的喜爱。宽叶薰衣草具有抗真菌和抗毒的功效。狭叶薰衣草是法国的本地物种，是制造香水所用的薰衣草。在这几个品种中，狭叶薰衣草因为它细腻的香味是最受欢迎的，几乎 90% 的男士香水都使用它为配料。生产带有原产地名称保护标识（AOP）的上普罗旺斯薰衣草精油，需要遵守一些生产规则。后者规定了栽培的种群不能单一，以保证提取出的精油的多样性，禁止克隆得到的品种，限定了栽种薰衣草的海拔高度和土壤类型，以及采摘和蒸馏工作的流程等。

给您带去香味

parfum（香水）这个词来自 per fume 这个表达法，意为“通过烟熏”。Parfum 一词在 1528 年首次出现在法语中，当时指的是带有香气的植物，例如乳香和胶蔷树，人们将它们焚烧以作熏蒸，用在一些仪式中或作为治疗手段。这个词的现代用法出现在 17 世纪。

原产地和特质

薰衣草原产自波斯地区。福西亚人将薰衣草与葡萄和橄榄一道，带到了普罗旺斯。整个地中海世界都使用薰衣草，古罗马人更是用它们来为洗澡水增加香气。中世纪时，薰衣草获得了 lavande 这个名字，它来自拉丁语，意为“清洗”。在鼠疫的最后几次大流行期间，普罗旺斯人将薰衣草制成药膏，或者作为熏蒸原料，来对抗这可怕的疾病。那时，接触到患病者的人会涂抹一种“四贼醋”（*vinaigre-des-quatre-voleurs*），其原料之一便是薰衣草。蒙彼利埃医学院在不久之后也承认了薰衣草抗菌和舒缓的功效。医学院还鼓励生产薰衣草，在普罗旺斯地区的高地创造了大量岗位：当地的农民和牧羊人，包括妇孺，都加入到收割薰衣草的工作中。真正的大规模种植成型于 19 世纪末，得益于格拉斯香水制造业的发展。薰衣草种植的高峰期是 1958—1962 年，随后的 70 年代末却因为人工合成香精的广泛使用而遭受了重大危机。

56e Annee — No 2739 HEBDOMADAIRE : 30 centimes (Etranger : port en sus) 22 Septembre 1929

Le Pèlerin

RÉDACTION & ADMINISTRATION — BONNE PRESSE, 5, RUE BAYARD PARIS-8e

Dans l'ivresse du soleil, du grand air

薰衣草让人联想到普罗旺斯，可谁又知道它们原产自波斯呢？

一些著名的配方

美容业使用的通常是薰衣草的水蒸馏纯露——人们可以直接将其涂抹在皮肤上——或者是薰衣草精油，只需要几滴就可以配制软膏或霜来治疗问题肌肤。一个小

纯露、精油、凝香膏和纯香精油：它们到底是什么

从根本上来说，一切都与蒸馏法有关，这项工艺在六千年前出现在美索不达米亚平原。最简单的蒸馏法即把叶片、花或者枝丫放在沸水中，并装入蒸馏器，然后将凝结在沉淀瓶（essentier）中的蒸汽收集起来。得到的产物自动分成两个部分：一个是精油（huile essentielle），它很轻，所以漂浮在表面；一个是纯露（hydrolat），它更重，所以沉在底端。后者浓度较低，对皮肤没有什么刺激性。

精油也可以通过压榨柑橘类的果皮获得，这个过程能将果皮上的香味囊压破。为了获取蜡质或树脂性材料的芳香成分，原先人们利用油来提取，现在则是用另一种方法，即将植物材料放到60摄氏度的水和溶剂的混合液中，溶剂可以是乙醇、甲醇或者苯。在将混合液进行蒸发后，溶剂会消失，剩下的带有香气的蜡状物便是凝香膏（concrète）*。

把凝香膏溶解在酒精中后，可以通过冷却的方法，将变硬的香蜡和含有活性成分的酒精物质分离开。用低温和低压的蒸馏法消除酒精后余下的物质，便是纯香精油（absolue）。纯香精油香味丰富，但价格高昂。

* 现今市场上卖的凝香膏，指的是一种以植物蜡为载体的固体香水。

采摘之后马上蒸馏。那些可移动的蒸馏器，曾经使普罗旺斯7月的空气里充满芳香。

小的蓝色圆形盒子成为象征薰衣草精油的物品。一切开始于1900年，一位名叫艾萨克·栗夫席茨（Isaac Lifshütz）的德国医生发明了Eucerit这种通过提纯羊毛脂衍生物而得到的新型乳化剂。这个产品使得水油可以稳定融合，从而革命性地替代了动植物油脂这一传统的护肤品载体。

皮肤学家保罗·伍纳（Paul Unna）和拜尔斯道夫（Beiersdorf）公司的创立者奥斯卡·托普罗维茨（Oscar Troplowitz）便是最早如此操作的人，他们在以甘油为基

础的护肤品原料中加入了薰衣草、香柠檬、橙子、玫瑰、丁香和铃兰精油。他们给这款产品取名为“妮维雅霜”（Nivea），这个名字能够同时让人联想到白雪的纯净（*niveus* 在拉丁语中指“雪白的”或“白色的”）和那个时代女性梦寐以求的无瑕肌肤。那是在1911年。

这第一款以水和油为载体的面霜，最早是装在一个具有装饰派艺术风格的黄色盒子中。著名的蓝色罐子在1925年问世。这款面霜在20世纪60年代逐渐平民化，最终出现在了超市的货物架上。

只需要薰衣草水便能让人体会到薰衣草的美妙。

芳香疗法

这种疗法以及它的名字都诞生于1920年，由里昂的一位化学家兼调香师，勒内–莫里斯·加特佛斯（René-Maurice Gattefossé）首创。这种疗法即采用精油来进行治疗。古埃及人早就已经知道这种疗法了。加特佛斯从1908年开始，发表了数篇关于芳香疗法的药剂学论文，更新了这门学科，之后他又发展了上阿尔卑斯省的薰衣草种植业。他是在无意间发现薰衣草精油的功效的。1910年他刚开始工作的时候，因为操作不当，导致在实验室中发生了一场爆炸，他自己也被严重烧伤，并且烧伤处出现了坏疽。于是，他在伤口上涂抹了薰衣草精油，结果，他惊讶地发现，精油促进了伤口的愈合。

上阿尔卑斯省的薰衣草带有“原产地名称保护”标识AOP（即原来的“原产地命名控制”标识AOC）。

祖母配方

适合敏感肌肤的润肤露：将100克洗净的亚麻籽在250毫升的沸水中浸泡20分钟。把混合液倒入干净的布袋中，按压以获得黏液。

亚麻

Linum usitatissimum L.– 亚麻科

用于美容业的纤维

美容功效：使皮肤紧致，提拉去皱，抗松弛
适应证：对成熟性或者疲劳的皮肤有增加肌肉体积、紧致和抗衰老的功效，提拉面部轮廓
使用部分：种子

{ 植物学知识 }

一年生草本植物，独立茎有80—150厘米长，上部有分枝。• 矛尖形互生叶。• 6—7月开花，花朵为天蓝色或粉白色，有5片花瓣，只在早上的数小时内开花。• 果实为圆锥形蒴果，内含10颗椭圆形、棕色并有光泽的种子。

被驯化的野生植物

世界上不存在野生亚麻！亚麻种植业十分古老，以至于现在仅存驯化后的栽培品种了。亚麻生长在所有地方，存在于所有时代：从新月沃地的河谷到尼罗河陡峭的河岸，人们喜爱亚麻织物；从汝拉省的沙兰湖沿岸到佛兰德的利斯河河岸，人们食用亚麻籽。高卢在被罗马占领之前就已经种植亚麻了，查理大帝紧跟他们的步伐，把亚麻种植推广到了整个帝国。中世纪末的医生欣赏亚麻油的柔和，而画家则赞扬亚麻作为黏合剂的用途，它使画作更为优质。

一种富含欧米伽3脂肪酸的食物

如今，亚麻种植存在于欧洲、亚洲、北美洲的许多温带国家，甚至包括部分亚热带地区。人们栽种的主要是两种亚麻：用于被制成织物纤维的 *vulgare* 亚麻，和能够提供含油种子的 *humile* 亚麻。

人们有时候会把整粒的亚麻籽放入面包或饼干中，不过它最有价值的是亚麻籽油。亚麻籽油中所含的欧米伽3脂肪酸极高（45%—70%），也就是亚麻酸——这个

亚麻第一次进入到美的领域是与绘画有关。

名字正是从亚麻而来。人们将亚麻籽用作动物饲料，如果希望增加鸡蛋里欧米伽 3 的含量，则可以多给母鸡喂食亚麻籽……

亚麻籽油黏稠，为金黄色，有轻微辣味。它的缺点在于，在阳光下或空气中特别容易氧化，而氧化后的亚麻籽油是有毒的。因此为了预防这类事故的发生，法国于 1908 年禁止在食品中使用亚麻籽油。

不过，法国食品卫生安全署（AFSSA）最终在 2010 年，重新批准了亚麻籽油的使用，但是规定了食品的封装条件、使用期限，并且要求在标签上注明注意事项。

亚麻的花小而朴素，但是在皮肤和气色上的作用却很大。

在美容品业的使用

就像其他植物油一样，亚麻籽油在美容品业界占有一席之地，因为它具有舒缓功效和使皮肤细嫩的功能。

它能够促进糖胺聚糖（其中包括玻尿酸）的合成，后者是皮肤细胞外基质的重要组成部分，能让皮肤饱满，富有弹性。亚麻籽油也能预防胶原蛋白的流失，帮助保持皮肤的结构和紧致性，也就是说，它有重塑和紧致皮肤的功能。

在结束之前，我们先绕道凡尔赛宫谈谈它的历史。亚麻在这里不是因其植物油的营养丰富出场，而是以一种美妙的混合物——迷人的芳香露现身。玛丽 – 安托万王后十分喜爱沐浴，这个爱好是她在故乡奥地利形成的。她的调香师法尔荣接受了一个任务，为王后调制一种我们可以称为泡泡浴前身的浴露。代替泡泡的是一种香软膏，王后坐在上面之后，浴水会变得浑浊，从而掩盖住她的胴体，因此它获得了“端庄浴”（bain de Modestie）的名字。法尔荣在软膏中加入了亚麻籽油、蜀葵根、百合花球茎、甜扁桃仁、松子，以及土木香的花和茎（土木香是一种可治疗皮肤感染的菊科植物）。

20 世纪后半叶带来了令人愉悦的盆浴。像玛丽 – 安托万王后那样享受一次“端庄浴”吧！

> Ma grand-mère le faisait
>
> **祖母配方**
>
> 人们也用一丛丛简单编制的干细茎针茅来去除全身的角质。细茎针茅即 *stipa tenacissima*，是生长在北非的一种禾本科植物。

丝瓜

Luffa cylindrica– 葫芦科

植物海绵

美容功效：去角质的海绵
适应证：季末除角质（冬末，暗淡皮肤）
使用部分：果实的髓

{ 植物学知识 }

攀缘的或匍匐的藤本植物，生长迅速。• 花朵为金黄色。• 丝瓜生长在肥沃的土地里，喜好多沙的土质。• 需要大量阳光，需要支撑物以便攀爬。• 一株丝瓜能结 3—6 个果实，后者为悬挂的圆柱形浆果，25—55 厘米长，形状类似西葫芦。

土耳其浴室里的瓜

丝瓜的名字来源于埃及的阿拉伯语单词 *luff*。这种葫芦科的植物结出的果实在成熟后便不能食用了，但是它能产生大量的髓质，后者经过干燥后便能像海绵一样用于洗浴。丝瓜产自热带地区，生长在亚洲南部，尤其是它的原产国印度。从古代开始，丝瓜去角质的功效便已经广为人知了。这种也被叫作“抹布瓜”的植物在 16 世纪被引入欧洲。如今，很多国家都种植丝瓜，不过主要集中在东方国家。质量最好的丝瓜来自埃及：这种植物海绵能大量膨胀，却仍然保持柔软，而这正是保证去角质效果的关键。美容院、水疗 spa 中心和疗养院使用的往往就是这种植物海绵。

最后一个为你服务的便是丝瓜海绵

在法国，丝瓜的播种在结冰期之后，也就是 5 月撒播，秋季收获。四个月后，丝瓜成熟，人们便将它们摘下并晾干。丝瓜从绿色变成棕色后，皮会剥离开，留下白色的海绵状物。将这纤维团在水中浸泡数天后，人们通过摇

丝瓜的髓质一点都不柔软。正因为如此，人们才使用它。

晃除去果肉和种子，然后将它在沸水中烫煮。这纤维团能吸收约自身20倍体重的水，是去除死皮的理想工具。比如，夏天美黑后，当皮肤变得发黄而暗淡时，人们可以用它来磨皮。春天，丝瓜海绵能有效地为在冬天敷了过多润肤品的皮肤带来新生。它还被用于制作具有吸收性的织物，例如吸水毛巾、沐浴手套、洁面海绵等。人们也用它擦亮餐具……

充满优点

丝瓜拥有许多不同的特性：利尿、清洁、软化。就像众多的葫芦科植物一样，丝瓜的纤维富含黏液，能够软化皮肤。传统医学用新鲜的丝瓜叶做药膏，来治疗疖子或痔疮。丝瓜的根和种子能够利尿和清洁。从丝瓜种子中可提取一种富含必需脂肪酸的食用油。这种油也被用在美容品中，它可以增加表皮的油脂，但不会在皮肤表面留下一层油腻的膜。将丝瓜中的天然纤维磨碎后，可以根据需要得到不同大小的细粒，把它们添加到美容品中，便做成了百分百天然的磨砂颗粒。

其他用途

在2007年的米兰国际博览会上，意大利企业薇拉（Vela）展示了以丝瓜为原料的包装袋。丝瓜的机械组织能被塑形，具有类似聚苯乙烯的隔温和保护的功能，但同时能够被完全降解。

丝瓜能轻易被压缩，但因对形状有记忆力，能够在润湿后重新恢复原来的形状，并且它的机械强度可以与中碳钢媲美。人们可以用它做包装、隔温或隔音板，以及复合材料。

北非芦苇草（*Stipa tenassicima* L.）可用来深度去除皮肤的污垢。应该重新发掘这种植物，它们和鬃毛手套一样管用。

阿芙洛狄忒不是一种瓜

据说，是美神阿芙洛狄忒赐予了人们植物海绵：她把偷看她洗澡的牧羊人路弗斯（Lufos）变成了丝瓜。

Ma grand-mère le faisait
祖母配方

将一小把香桃木浆果放在 1 升水中浸泡，可用这种水来冲洗油性头发。

香桃木

Myrtus communis– 桃金娘科

文艺复兴时期的梳妆

美容功效：收敛，增加活力，净化
适应证：所有类型的皮肤，抗皱，抗衰老
使用部分：叶和花

{ 植物学知识 }

小型灌木，根据土地情况不同，可长到 50 厘米—4 米高。• 常绿，叶片较小，为尖头的椭圆形，绿色发亮。• 白花有香气，5—6 月开花，有多达 50 根凸起的黄色雄蕊。• 果实为豌豆大小的蓝黑色浆果。

香桃木的神话与现实

野生香桃木生长在地中海盆地干燥而阳光充足的丛林里。它是科西嘉丛林里的典型植物，人们也能在摩洛哥、突尼斯和土耳其南部看到它的身影。香桃木是爱情、美貌和贞洁的象征，这些都是爱神阿芙洛狄忒的品格：根据神话，阿芙洛狄忒从海浪中诞生的时候，用香桃木遮掩自己的胴体。为了致敬爱神，古希腊的青年男女会在婚礼的那天，戴上香桃木做成的花冠。

美食方面，香桃木的果实为椭圆形的浆果，蓝黑色，秋天结果。它们可被用来增加煨肉的香气，或者被制成一种调味料。美容业一般使用香桃木的叶子来制作美容品。人们在 5—9 月摘下部分叶片，同时始终保证采摘量不超过 $^1/_3$，以免使树木变得衰弱。通过蒸汽蒸馏法，人们从叶片中能提取出一种精油：从 100 千克的叶子中，大约能获取 200 克的精油。北非的妇女会把香桃木的叶片浸泡在融化的黄油中，来制作一种带有香味的润发油。

天使水

与香桃木有关、最有名的美容品，便是一种香桃木水，它是“天使水”（Eau d’ange）的成分之一。这种美容水清新、轻盈而柔和，能给女性带来天使爱抚般的呵护。天使水通过蒸馏香桃木的叶片和花获取，它诞生于16世纪的意大利，并很快通过美第奇家族——他们的品位和他们的影响力一样闻名于世——而在文艺复兴时期的法国流行开来。它是最古老的几种香水之一，在如今的意大利和希腊仍然享有盛名。1535年，拉伯雷在其构想的特莱姆修道院的理想社会时，写到了香桃木：“在女士们的住所门外满是香水商和理发师，当男士们要去拜访女士时，得经过他们的手。他们每天早上将玫瑰水、橙花水和天使水送到女士们的房间里……”

在美容领域，人们使用的是香桃木的叶子，而不是果实。

“天使水”极具文学气质，高乃依写道：

“在一位女士身边

度过美好的闲谈时光

告诉她巴黎四处都是烂泥

有个调香师售卖极佳的‘天使水’。”

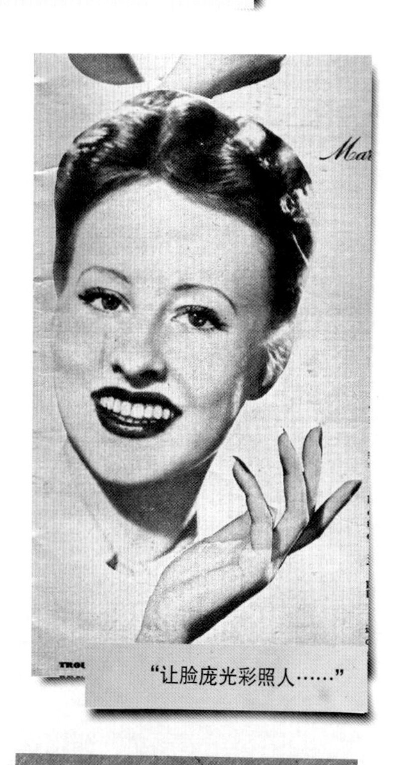

“让脸庞光彩照人……”

精致的护理

“天使水”，或者说绿香桃木纯露，是一种柔和而考究的护肤品，就像香桃木的花一样。它能够紧致和收敛暗淡无光的皮肤。古人们已经发现了捣碎的香桃木叶具有愈合伤口和消炎的功效。这种功效使得“天使水”能够有效抗衰老，事实上它确实一直都享有保持青春美貌以及抗皱的美誉。人们将它添加到洗发水、香皂和香水中，这些用法在古代就已经流行了，拉伯雷便提到过这些产品，巴黎医生让·里耶博（Jean Liébaut）和安德雷·勒·富尼耶（André le Fournier）都记录过“能够使面庞美丽而洁白，祛除斑痕，让脸庞洁净而光彩照人”的数量众多的配方。

天堂中的香桃木

亚当被逐出伊甸园时带了三样东西：香桃木——世上最好的带有清香的花朵；一束麦穗——世界上最重要的食物；椰枣——冠名全世界的水果。

祖母配方

把白睡莲花放在水和植物甘油的混合物中，过滤。用它来滋润成熟性、暗淡或疲劳的皮肤。

白睡莲

Nymphea alba– 睡莲科

白色的美人

美容功效：保湿，净化，收敛，使骨骼和牙齿再矿化
适应证：年轻的皮肤，混合性和油性皮肤，缺水皮肤，预防衰老
使用部分：花

{植物学知识}

多年生水生植物，生长在静水和池塘中。• 根插入淤泥底，落叶，大型心形叶，表面光滑，漂浮在水面。• 夏天开白花，清晨伸出水面，16 点时闭合，有 4 片萼片和 20 片以上的花瓣。• 小球状果实，其柄在成熟后顶端弯曲，没入淤泥中。

AGNES SOREL OU SOREAU
Née en 1409, à Fromenteau en Touraine, fille de Jean Sorel, écuyer, Seigneur de Coudun. Elle était fille d'honneur d'Isabeau de Lorraine, Duchesse d'Anjou, lorsque Charles VII eut occasion de la voir (1441). Il la fixa à la Cour, en fit bientôt sa maîtresse et lui donna le Château de Beauté (près de Saint-Maur), la terre de Vernon-sur-Seine

阿涅斯·索蕾尔裸露的皮肤让人神魂颠倒，她的秘密则是白睡莲。

阿涅斯·索蕾尔的美貌

白睡莲花的水能赋予女士们白皙的脸庞和天鹅般的颈项。据说，这便是法王查理七世的情妇阿涅斯·索蕾尔（Agnès Sorel）的秘密。她于 1444—1450 年居住在希农的宫廷，有着“美妇人”的绰号。她是侍奉西西里王后安茹的伊莎贝拉的贵妇，她宝贵的美容配方都是从那不勒斯带到法国的。她做了什么，竟敢露出她“如此透明而粉嫩”的肌肤，并使得宫廷贵妇艳羡不已？她是宫廷贵妇之首，她决定着时尚的风向。

她一直到死都保守着她的秘密：1450 年，她在分娩时去世，年仅 28 岁。这个秘密是由雅克·科尔（Jacques Cœur）泄露的，他是查理七世的财政部长，也是售卖东方制品的商人，经常受到阿涅斯的光顾。阿涅斯的秘方可以让美食家为之垂涎。首先在一升鲜奶油中浸泡玫瑰花、白睡莲和蚕豆花的花瓣。然后长时间煮这一混合物，直到它浓缩成一种带有香气的油质物质。每天早上把它作为面膜敷在脸上。直到 18 世纪，贵妇们都一直使用这个配方。

轻轻用粉扑擦一点这种老式的香粉盒里装的白睡莲花粉，就能够让爱美的女性全天保持好气色。

一点技术问题

白睡莲的花朵端庄，花瓣肥厚，白得十分纯粹，它的营养丰富，并含有能起到保湿、净化和抗氧化作用的有效成分。它能够消炎，使组织软化并放松，人们用它来治疗红斑以及敏感肌肤的脱皮问题。这些成分大部分溶于水。把白睡莲花瓣浸泡在水和甘油的混合物内之后，它们会溶解，经过过滤，人们便得到了可以直接使用的、具有多重功效的产品。

民间药方

在民间，人们从很早就开始使用白睡莲的根状茎和花了。将白睡莲的花泡在水里饮用，有镇静和舒缓的功效，适用于失眠、焦虑和紧张等情况。

白睡莲的根状茎含有 40% 的淀粉，人们在饥荒年代会把它做成一种粉。新鲜根状茎在煮熟后也能食用，就像黄菖蒲的根状茎一样，都是饥荒年代的食品，不过，它们的味道都一样苦……在第二次世界大战期间，人们用白睡莲的种子来替代咖啡。

Nénuphar还是nénufar

直到 1935 年第八版《法兰西学院词典》问世之前，睡莲都是写作 nénufar，而这一版词典将其修改为 nénuphar。这次修改是因为学者们将睡莲的单词和“睡莲属”的单词 nymphéa 联系起来，而 nymphéa 一词来自 nymphe，指神话中具有无比美貌并深受人神喜爱的水泽仙女。不过，1990 年以后，法兰西学院主张重新改回到之前的写法，因为事实上睡莲这个单词的词源，是阿拉伯 – 波斯语 *ninufar*。

抑制欲望的药

把白睡莲作为平欲药的用法可追溯到古代。泰奥弗拉斯托斯、普林尼和迪奥斯科里德斯都一致认可白睡莲抑制欲望和防止做春梦的功效。

这个功效被隐修者大加利用，后来在整个中世纪，修士们也大量使用白睡莲，使它获得了“修士草”的绰号。

修道院用白睡莲的花来抑制修士们的欲望，帮助他们忍受单身生活。

人们认为这种植物能摧毁爱情。另外，阿拉伯人认为它有“凝结”精液的作用。

祖母配方

制作去痤疮的面膜：混合2大勺黑种草籽油，2大勺榛子油以及1大勺薰衣草泡过的水。

黑种草（茴香花）

Nigella sativa L.– 毛茛科

法老之油

美容功效：使皮肤柔嫩，平复舒缓，愈合伤口，促进再生，消炎
适应证：敏感或发炎的皮肤，治疗各类皮肤病（例如痤疮、皮炎、皲裂、晒伤等）
使用部分：种子

{ 植物学知识 }

一年生植物，可长至20—30厘米高。• 叶缘呈细而长的锯齿状。• 花为天蓝色或白色，有5—10片花瓣。• 果实为大型球状蒴果，内有大量种子。

黑色的种子

Nigella（黑种草）这一单词来自*niger*，即"黑色"，形容的是它黑色的种子。这种种子的味道有很强的刺激性，它辛辣，带有胡椒味，气味类似柠檬，这让它有了"黑孜然"的绰号。

黑种草原产自中东地区，在这里，数千年来人们一直使用黑种草治疗各种类型的疾病：哮喘、支气管炎、风湿病和炎症，或者用来增加哺乳期妇女的乳量，帮助消化和治疗寄生虫病。

娜芙蒂蒂非常美貌。她的秘密是什么？黑籽油。

祝你好运

黑种草的种子在埃及被叫作*habat-al-baraka*，意为"好运籽儿"，人们用黑种草籽榨的油来治疗皮肤问题。

法老时代的人们就已经知道这种有多重功效的油了，它能够促进再生、舒缓和消炎。证据便是考古学家在图坦

卡蒙墓里发现的一瓶“黑籽油”。娜芙蒂蒂王后保持好气色的秘密，据说也是黑种草籽油和乳木果脂（见本书对乳油木的介绍）。

《灵魂治疗书》——这是生活在10世纪的阿拉伯医生兼哲学家伊本·西那［Ibn Sina，欧洲人称他为阿维森纳（Avicenne）］的著作——常常提到黑种草籽油，它因为具备多种功效而被视为天然的药剂。先知穆罕默德也因一则圣训，让黑种草被世人铭记，他说道：“使用黑种草籽吧，因为它是能治疗除了死亡以外一切疾病的万灵药。”

其他一些作者记录的黑种草用法就没有那么诱人了。就以普林尼为例吧：“研磨后泡在尿液里，它能治疗鸡眼；用作熏蒸材料，它可以杀死小飞虫和苍蝇。”让人很向往不是吗？

难以置信的财富

黑种草籽含有一百多种不同的珍贵成分，比如必需脂肪酸（欧米伽3和欧米伽6）。还有维生素A、B、B_1、B_2、C，钠、钙、钾、铁、镁、硒、锌。

小心有毒！

不要搞混了黑种草！大马士革黑种草是一种观赏植物，它的种子是有毒的。野黑种草（Nigella arvensis）生长在麦田里，让农民很头疼，因为很难将它那大而有毒的种子与麦粒分开。

黑种草与美食

黑种草籽含油，味道有刺激性，类似于胡椒。如今在埃及，人们仍旧会做一种面包，在它的外皮上撒上黑种草籽，这让面包具有了独特的风味，据说也使它有益于人的身体健康，并且能够开胃。土耳其也有同样的配方，在那里，黑种草被称作*çörek otu*，直译过来是“发髻草”的意思。事实上在土耳其，人们用黑种草籽来给辫状松软的小面包增添香气。印度美食也大量使用黑种草，人们在馕上撒上黑种草籽，或者把它磨成粉后，和其他香料混合使用，例如孟加拉的五香料*garam masala*或者*panch phoran*。

Ma grand-mère le faisait

祖母配方

去除讨厌的黑头：用榛子油按摩，使黑头脱离，然后用纸巾擦掉。重复使用10天。

欧洲榛

Corylus avellana L.– 桦木科

从榛树到粉盒

美容功效：使皮肤细嫩柔滑，收敛，令皮肤增加亚光感

适应证：适合所有类型的皮肤，使皮肤柔软、有弹性，治疗痤疮，去除黑头

使用部分：果实

{ 植物学知识 }

茂盛的灌木，可长至1—5米高，有很多柔韧的小枝丫，树皮光滑，为淡灰色，落叶木。• 1—4月开花，先开花再长叶。• 雌雄同株，雄花组成长条状下垂的柔荑花序，雌花为小芽状。• 果实为瘦果。

欧洲榛子

avellana（欧洲榛子）这一单词来自意大利一个城市的名字，avella（阿维拉），它位于坎帕尼亚区，以盛产榛子闻名。在意大利语中，Avellana 指的便是人工栽种获得的榛子，在法语中为 aveline。不过，用榛子做涂面包的酱可不是坎帕尼亚区的发明，它来自更加靠北的皮埃蒙特区。

榛树

榛树是北半球温带地区分布最广的灌木之一。它已经存在了七千万年，人们在例如法国的康塔尔省或苏格兰等地都找到了大量的榛树化石。从第三纪的冰期开始，野生榛树就已经出现在法国了。其人工栽种始于小亚细亚半岛。这个传统延续了数千年，不管是古代的奥斯曼人还是现代的土耳其人，他们都是世界第一的榛树种植者，其生产量占到了全世界产量的75%。随后榛树的种植扩大到了希腊，然后是意大利。古罗马人从公元1世纪开始种植榛树，他们把它叫作 *corylus*，其词源是希腊语里的 *korys*，意为“头盔”或“风帽”，形容的是果实外壳的形状。这个单词在法语里演变成了 coudrier。这一单词曾被长时间使用，直到13世纪时逐渐被 noisetier 一词取代，后者的词源为拉丁语里的 *nucis*，意为“榛子”。

榛树的秘密和魔力

巫术和魔法经常多多少少和榛树有关。凯尔特人用榛树制作魔法棒。很显然，他们从榛树的快速生长和大量

果实中看到了象征意义。因为榛树的多产是财富的保障，所以它被赋予了检测水源和金矿的能力。不管是理性的地下水检测者，还是沉迷于幻想的淘金者，他们都把榛树削成Y形的棍子。根据传说（或者传统），要在圣约翰节这一天（6月24日。——译注）用新的刀子来割。

蒸雾消失后，呈现给我们的便是，去掉了讨厌的黑眼圈，修整后美丽的眼睛。

不是魔法，而是美容品

榛树的美容功能和魔法没有关系。用榛树叶做熏蒸材料，可以有效地使皮肤的充血消退。把泡过榛树叶的水做敷料，可以减轻黑眼圈。不过，美容品里最常用的是榛子油，它有收敛功能，可以消除痤疮和黑头，让皮肤如丝绸般柔滑。

榛子油是通过冷榨榛子的果实得到的。它很稀薄而温和，为浅琥珀色，味道较重。它的缺点也很明显：易馊。所以每次购买榛子油的量不能太大，得把它放在干燥、阴凉和避光的地方，开封后最好放入冰箱保存。榛子油中欧米伽9脂肪酸的含量很高，因此它软化皮肤的功能尤其突出。它属于极干性油，因为它能很快到达皮肤的深层。榛子油也可以用于修复伤疤和淡化妊娠纹，甚至还能预防妊娠纹，这是因为它软化皮肤后能让其更具弹性。还没完呢，榛子油可以有效控制皮肤出油，对抗黑头，它是混合性和油性皮肤的理想产品。

人们也用榛子油护理干燥和受损的头发。它能让头发重新充满活力，并且保持其柔顺和光泽。因此，它非常适合于做按摩和芳香沐浴。

榛子油让头发柔软顺滑。

> *Ma grand-mère le faisait*
> **祖母配方**
>
> 滋润干性头发：混合 3 大勺橄榄油和 3 大勺朗姆酒，晚上涂抹于干燥的头发上，戴上护发帽。第二天早上洗头。

油橄榄

Olea europaea– 木樨科

永远的好朋友！

美容功效：滋润、保湿、抗氧化
适应证：保护干性皮肤、敏感性皮肤和成熟性皮肤，嘴唇和皮肤的护理
使用部分：果实

{ 植物学知识 }

树木可长至 15 米高，树干多节，寿命可达数世纪。• 对生叶，叶片呈修长椭圆形，上侧为深绿色，下侧为淡绿色，叶片在树枝上可保持三年后才在夏季掉落。• 小白花形成花束，有 4 片花瓣，5—6 月开花。• 果实为核果，初期为绿色，在成熟后变为黑色。

橄榄树的历史

我们不知道人类具体是从什么时候开始栽培野生橄榄树的。后者化石的年龄可长达几百万年，显示其原产地在小亚细亚半岛，但是人们在克里特岛上发现了公元前 3500 年的人工养殖野生橄榄的痕迹。可以确定的是，除了用橄榄油来烹饪、照明和治疗疾病，几乎所有的古代文明也用它来美容。

关于橄榄油的功效

在古代，橄榄油主要作为照明原料，不管是在古埃及的神庙里还是在简陋的农舍里。除了食用以外，纺织业用橄榄油来为织物上浆，药剂师和美容业则用它制作按摩油、护发或护肤油，来养护人的身体。而且，从一开始人们便将橄榄油用在了身体上。古埃及人把橄榄油涂抹于头来使头发强韧，涂抹于体肤以滋润皮肤。古希腊人和古罗马人也是如此。古希腊的运动员把橄榄油涂抹于身体以使皮肤具有弹性，并凸显肌肉。初次冷榨的橄榄油含有 60% 的欧米伽 9，20% 的欧米伽 6，还富含维生素 E 以及

鲨烯。鲨烯是人体皮脂的自然组成部分，是机体里一部分生物合成（尤其是胆固醇和维生素 D 的合成）的主要中间体。橄榄油里的鲨烯与皮肤极具亲和性，可以修复皮脂膜。不过，橄榄油和美容业之间最强的纽带还是在香皂上。让我们绕道聊聊肥皂的历史吧……

橄榄树所有的美容价值都浓缩在橄榄油里。

肥皂之本：植物碱

第一个掌握皂化技术的地区是距今三千年的美索不达米亚平原。尤其是在阿勒颇地区，人们采用橄榄油（因为那里生长着很多橄榄树）、月桂浆果油以及通过燃烧不同植物而获得的植物碱。这些植物包括了同属于藜亚科的苏打猪毛菜（*Salsola soda*）和盐角草（*Salicornia sp.*），它们都富含氯化钠。人们把它们叫作盐生植物，即适应例如滨海地区的盐土环境的植物。这些植物焚烧过的灰烬是碱的重要来源：在焚烧过程中，氯化钠在二氧化碳的作用下转化成了碳酸钠，也就是碱（不要把它和氢氧化钠，也就是烧碱弄混了）。这种碱对肥皂生产以及玻璃制作至关重要。值得注意的是，钠元素的名字（sodium）及其衍生词，都来自苏打猪毛菜这个植物的名字。

人们不怎么提马赛肥皂了，事实上它是数个世纪以来，家庭卫生和美容领域的里程碑。

我们终于能用上肥皂了

总结起来，要制作肥皂，需要动物或植物油脂和一种碱性物质的皂化反应。碱性物质最早从植物中获取，后来为化学合成，制作硬肥

曾经，马赛到处都是肥皂厂，它是全世界的马赛肥皂之都。

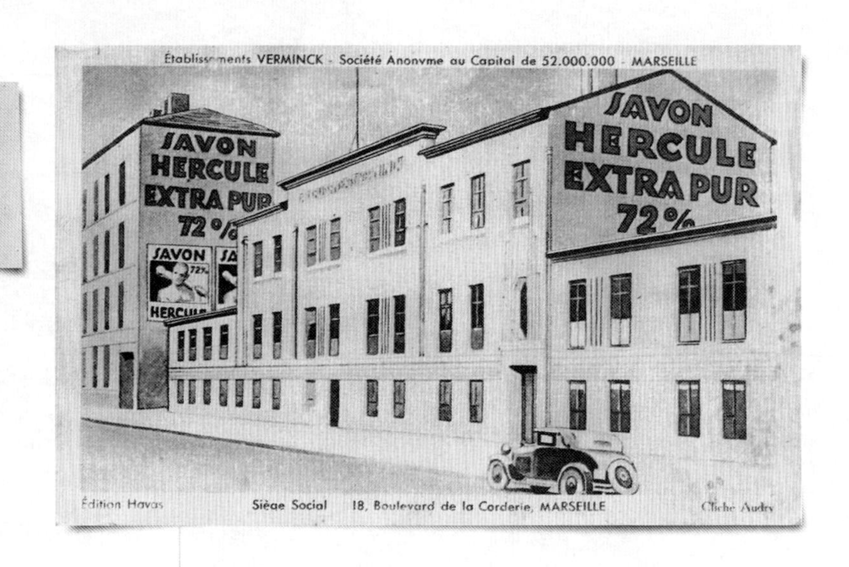

皂用的是碳酸钠，制作软肥皂或皂液则需要用钾盐。这两种成分的混合物被加热到80—100摄氏度之间，直到油脂皂化，形成肥皂和甘油。人们可去除甘油，或者将它保留以得到更加温和的肥皂。把肥皂装入模子中便进入干燥流程。东方世界使用肥皂已经几千年了，而欧洲人制造肥皂却是在11世纪十字军东征归来之后。从12世纪开始，意大利、西班牙和普罗旺斯就出现了肥皂铺。法国第一

卡斯蒂利亚与宝洁公司

十字军也将用橄榄油制作肥皂的工艺带到了卡斯蒂利亚。那里盛产橄榄树，从13世纪便开始生产肥皂。卡斯蒂利亚的肥皂特别温和，在医学界享有盛誉，它的配方也走出了国界。英国复制了这种肥皂，取名为西班牙肥皂或者卡斯蒂利亚肥皂，人们在药店能买到它。

这种白色的硬肥皂为两位连襟带来了无尽财富：一位是英国的蜡烛制造商威廉·普罗科特（William Procter）；另一位是爱尔兰的肥皂制造商詹姆斯·甘布尔（James Gamble）。他们来到美国后，在1837年创立了宝洁公司（Procter & Gamble），在美国南北战争期间（1861—1865），他们为北方联邦军提供蜡烛和卡斯蒂利亚肥皂。

1880年，他们创制了象牙皂（Ivory soap），可以与欧洲的高档肥皂媲美。象牙皂里含有99.4%的橄榄油，因为在制作时的搅打中进入了大量的空气，所以它可以漂浮在水面上。

土耳其浴里的黑膏皂，贝尔蒂皂

在摩洛哥，人们会在洗土耳其浴时使用柔软的黑膏皂。制作黑膏皂需要将橄榄油和压碎的黑橄榄与盐以及钾盐混合浸泡。它是一种绿色或深褐色的膏体，人们把它放在温暖湿润的皮肤上让它渐渐融化。黑膏皂不怎么起泡，是很好的磨砂膏，能够促进皮肤新生并保湿。在清洗时人们用坎萨手套用力搓洗，在过去，这种手套是用山羊毛做成的。

根据传统，人们还会同时使用 *rhassoul* 或者叫 *ghassoul*，它是来自阿特拉斯山脉的一种矿物质黏土。人们把它作为身体膜、面膜或发膜使用，能够软化和滋润皮肤。

个肥皂厂于 1430 年在土伦市诞生，马赛的肥皂厂则要到 1593 年才建立。

由于多种原因，例如科尔贝尔对马赛市及其海港的支持，使马赛的肥皂获得盛名。1750 年后，马赛肥皂的生产逐步工业化，一方面因为需求量增加，另一方面得益于一位名叫勒布朗（Leblanc）的化学家，他在 1791 年发明了一种工艺，可以从海水、石灰和煤中获取碱。直到今日，真正的马赛肥皂（它没有原产地命名控制标签）是一个 600 克的方形肥皂，呈绿色或褐色，它含有 72% 的油脂（橄榄油、椰子仁油和棕榈油）。

绿色的上将皂

这种肥皂在 19 世纪末由一位医生发明，它的广告号称它能够使涂抹了肥皂的部位瘦下来。其依据是牛胆汁的效用，后者能溶解油脂，人们尤其会在给羊毛脱脂时使用它。这种肥皂以橄榄油为原料，含有 5% 的牛胆汁：据说气味十分独特！

相比于苏美尔人从四千五百年前就发明的软肥皂，硬肥皂更加方便，是一种极大的进步。它由橄榄油、黏土和植物灰制成。

Ma grand-mère le faisait

祖母配方

用琉璃苣油、月见草油按摩身体和面部，能够使皮肤更加紧致。

月见草

Œnothera biennis– 柳叶菜科

抗衰老的火腿

美容功效：使皮肤柔软，恢复活力，重建细胞膜
适应证：干性皮肤，成熟性皮肤，抗皱
使用部分：种子

{ **植物学知识** }

两年生植物，在开花时可长到 1.5 米高。• 花为淡黄色，5—6 月开花。• 花在日落时开放，由蛾授粉，释放出美妙的茉莉花香。• 果实为荚果，3—4 厘米长，裂成 4 份，内有极小的黑色多角的种子。

背井离乡的美洲植物

月见草的原产地在美国，1/3 的美国东部地区都生长有月见草。美洲原住民很早就开始使用月见草了，他们食用它的根，用叶片泡水来治疗伤口、皮肤问题、哮喘，用它的根来滋润喉咙，把它做成药膏来治疗挫伤和伤口。月见草可能是在 16 世纪被引入欧洲，至少在 17 世纪时，欧洲确定已经有月见草了，而具体的历史仍有争议。1619 年，月见草被带到了帕多瓦的植物园，人们把它记录下来，从此，它成了一种观赏植物。不过，也有记录说，当时从美洲回来的部分船只上，水手们用泥土来稳固船只，并在到达目的地后卸于港口。而在这些泥土中有月见草种子，后来萌芽生根，就这样，这种生命力很强的植物“侵入”了欧洲，自行繁衍，从海边沿着路的边缘和斜坡蔓延开来。

园丁的火腿

人们很快发现，月见草肥大的根是可以食用的。于是月见草也被列入了穷人们用以果腹且味道尚可的植物名单中，并且因为煮熟后月见草根的颜色，它获得了“园丁的火腿”这一绰号。

小小的种子却充满了益处

直到 1917 年，一位德国的科学家才第一次对月见草的种子产生了兴趣。他发现，月见草种子中含有 15% 的黄绿色油，它可以通过冷榨获得。几年后，人们确定了这

月见草已经很好地扎根于欧洲。它的名字 *Œnothera* 来自希腊语 *oïnos*，意为“葡萄酒”和“野兽”(ther)，因为据说泡在葡萄酒里的月见草根能够吸引野兽。

种浓稠的油里富含必需脂肪酸。不过，到了 60 年代，美容业才开始开发月见草。月见草油对皮肤和易裂的指甲益处多多，因为它含有 70% 的亚油酸或欧米伽 6，这些在我们的身体不能自己合成的成分，却能够软化与滋养皮肤并使皮肤保持湿润。月见草油还含有 9% 的亚麻酸，这是一种罕见的脂肪酸，是细胞膜的组成部分，我们的身体能够把亚油酸代谢成少量的亚麻酸，它也存在于琉璃苣油里。

月见草油十分敏感，很难保存。人们把它装在胶囊中，要么内服，以治疗与女性更年期有关的问题；要么外用，用针戳破胶囊后，把油涂抹在脸上，并做轻柔的按摩。

如今使用月见草油的主要方式是，将它们做成胶囊。

在掩饰下发起攻击

在美洲大陆，人们更多的是利用月见草强烈的气味。他们在打猎前用月见草摩擦鞋子，这样便可以掩盖自己的气味，从而能够更加容易接近猎物。

林奈时钟的18点

在装饰方面，月见草的美短暂而朴素，它鲜艳的花朵会突然在黄昏开放，在日出前颜色变深并凋谢。这让它在土耳其语里获得了“召唤祈祷花”的名字，而盎格鲁－撒克逊人则将它称为“夜晚的报春花”。伟大的植物学家林奈在 1751 年设计花卉时钟时，用月见草来作为 18 点的花。

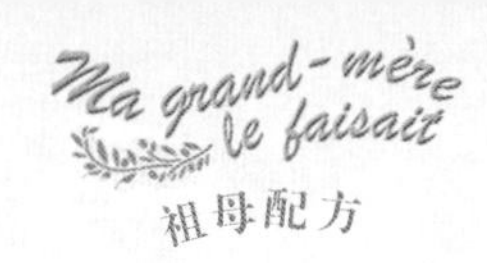

祖母配方

缓解头屑和头皮瘙痒：将 4 把新鲜异株荨麻放入 500 毫升沸水中浸泡 20 分钟，过滤后，用这荨麻水来冲洗头发。

异株荨麻

Urtica dioica L.– 荨麻科

对头发来说刚好

美容功效：使头发强韧，平衡皮脂，舒缓
适应证：油性头发，暗淡的头发，头屑，头皮瘙痒
使用部分：地面上的所有部分

一只玻璃瓶里的蚂蚁

大自然给予了荨麻一种可怕的武器，帮助它抵御入侵者。想象一下吧，它的叶片上布满了细毛，而毛的尖端偷偷地栖息着二氧化硅的小颗粒，它们随时会刺入人触碰到叶片的皮肤。二氧化硅的针尖一旦进入表皮，就会释放出非常可怕的、能引起荨麻疹的混合物，它包含了甲酸、组胺、乙酰胆碱和血清素等物质，其中前两种尤其能引起发炎和红肿。治疗这种暂时的疼痛的解药是，用车前草摩擦患处。有趣的是，这个恐怖画像的组成部分之一，甲酸，也是 12 世纪治疗脱发配方里的原料之一，它也可以从蚂蚁卵中提取。所以，荨麻和我们的头皮之间有着古老的故事。

{ 植物学知识 }

多年生植物，有长长的根状茎，可长至 1.5 米高。• 对生叶，叶片呈矛尖型或椭圆形，深绿色。• 雌株和雄株不同，小花为白色泛绿色，雄花组成竖立花束，雌花组成下垂花束。• 果实为卵球形瘦果。

药用

从古代开始，古希腊和古罗马的作家就提到了荨麻具有缓解腰痛和风湿病的功效。16 世纪时，人们用荨麻根治疗黄疸，而在 18 世纪，则用它来止血。在 20 世纪初的法国乡下，有些大胆的人甚至在荨麻上打滚，以治疗风湿病或者壮阳。

历史上的配方

2 世纪著名的希腊医生盖伦介绍了一种用荨麻籽油做的药膏来防止脱发。这个配方在 13 世纪出现在了《女士的饰物》一书中，这部由盎格鲁 – 诺曼语写成的作品出自女医生萨勒尼塔纳的托图拉

（Trotula）之手，她毕业于世界最早的医学院之一，创立于 11—12 世纪之间的萨勒尼塔纳医学院。她提到一个疗法可以消灭“头屑，也就是意大利的普利亚人称作 forfore 的会毁坏头发的东西”。首先要用草木灰液深入地清洁头发，然后再用浸泡了 2—3 天荨麻种子的醋水洗头。从中世纪到现代，还出现了其他以荨麻为原料的治疗痤疮的配方，比如 A. 德拜（A. Debay）在 1856 年描写的“清洁醋”（Vinaigre détersif），它里面有磨成粉的荨麻籽和水仙球茎。

阿德里安神甫的洗发膏（包装上的名字。——译注）不知道有没有用，不过荨麻是真的对头屑有效。

现代用途

今天，人们使用的是荨麻叶片磨成的粉。它的用途和过去几乎一样：治疗痤疮，添加到洗发水或乳液中，以防止脱发或促进生发，减轻头屑困扰，等等。这些效果都归功于荨麻叶片、茎和种子中含有的物质，如今我们知道这是维生素 B_2 和维生素 B_5，甲酸、二氧化硅和锌。荨麻提取物能够平衡头皮的皮脂腺。人们利用荨麻的这种功效来制作免洗洗发水，并在里面添加大米淀粉，它能吸收皮脂。在世界的药用植物市场上，异株荨麻因此占据了重要地位。除了在美容业的应用，人们也用荨麻制作药茶。主要的荨麻生产地是美国、加拿大和欧洲，在这些地区，荨麻的种植基本已经机械化。除了以荨麻为原料的产品，人们也出售干燥后的散装荨麻、荨麻胶囊或者荨麻提取液。

荨麻的用处可不止一种：它可以做纺织纤维、黄色染料；更不用提它在园艺领域的多种用途了：做肥料，制成控制植物病害的产品，以及作为草料。

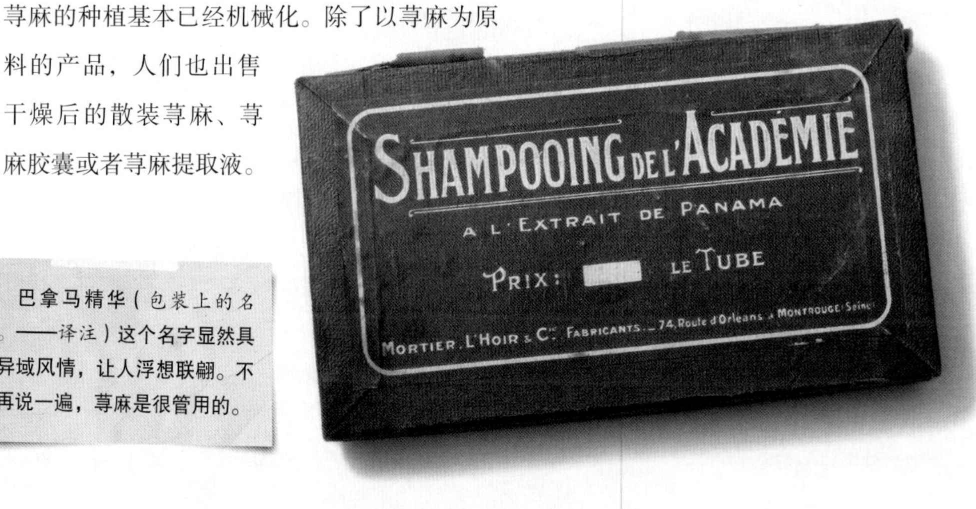

巴拿马精华（包装上的名字。——译注）这个名字显然具有异域风情，让人浮想联翩。不过再说一遍，荨麻是很管用的。

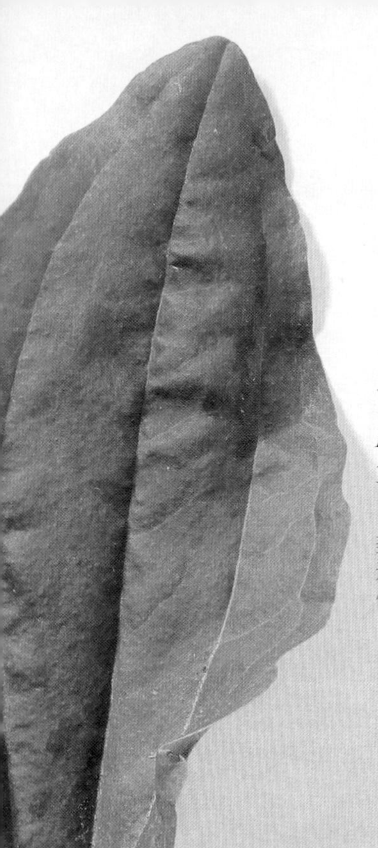

Ma grand-mère le faisait

祖母配方

将一把车前草叶放在500毫升水中浸泡，冷却，在脸上涂抹这种水可以改善油性皮肤。

车前草

Plantago major,plantago media,plantago lanceolata—车前科

车前草就是脚（车前草的拉丁文名字的词源与脚有关。——译注）

美容功效：使皮肤柔嫩，保湿，促进皮肤新生和重组
适应证：眼部和眼皮护理，炎症，红斑，痤疮，蚊虫咬伤和割伤
使用部分：叶片、种子

{ 植物学知识 }

多年生草本植物。• 纤维性根，叶脉几乎是平行的。• 花梗从莲座叶丛中心长出，其上有极小的白花组成的穗状花序，5—9月开花。• 果实为蒴果。

车前草水

车前草水在18世纪极受欢迎。卡萨诺瓦在《回忆录》中记录了一个车前草水的配方，它让沙尔特公爵夫人在一周内摆脱了让她毁容的丘疹："我告诉她应该吃什么，并且禁止她使用任何化妆品，吩咐她只需每天早晚用车前草水洗脸。"

三种类型，相同的品质

车前草是非常常见的植物，因此当人们获知地球上有超过200种车前草时，往往会感到惊讶。我们感兴趣的车前草有三种，就像"三个臭皮匠"（Pieds Nickelés，法国著名漫画，里面的主要人物有三名。——译注）一样：大车前草、北车前草和长叶车前草。

大车前草（*plantago major*）有着较宽的椭圆形叶片，穗状花序为圆柱形，花穗较长，所结的蒴果含有很多种子。

北车前草（*plantago media*）的叶片近似长方形，穗状花序类似圆形，结出的蒴果仅含有一到两颗种子。

长叶车前草（*plantago lanceolata*）有着"五缝草"的绰号，它的叶片呈宝剑形，穗状花序为卵球形且密集，其蒴果仅含有一颗种子。

所有车前草的种子外面都包裹着一层黏糊糊的物质，它能让动物或人类帮助扩散种子。

益处多多的黏液

我们这"三个臭皮匠"有着同样的功效，可以相互

替换。古代医学的三圣普林尼、迪奥斯科里德斯和盖伦，都称赞过车前草的快速止血功能。园丁们都了解这个功效，他们会在割伤时用车前草叶子敷在伤口上，或者用它来缓解蚊虫咬伤和荨麻刺伤。人们把车前草做成汤剂来治疗眼疾，而普林尼则列举了 24 种可以用车前草治疗的疾病。高卢的德洛伊教祭祀把车前草视为一种万能灵药。

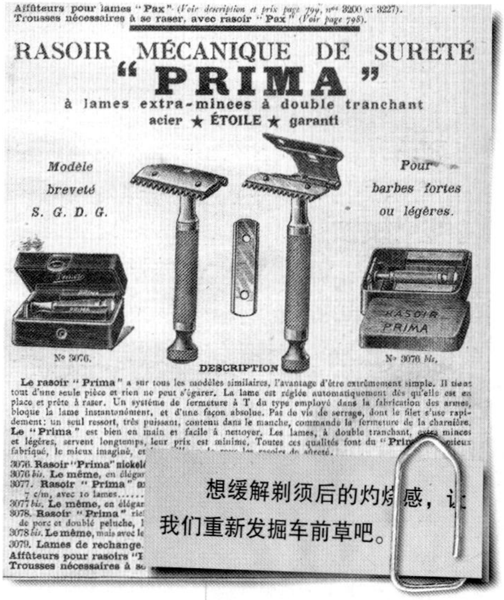

想缓解剃须后的灼烧感，让我们重新发掘车前草吧。

在美容业领域，人们使用得更多的是车前草的种子。从大车前草的种子中提取出的水溶性物质有软化、滋润、修复和促进再生的功能。这种种子［以及原产印度的品种洋车前草（*Plantago psyllium*）的种子］的外壳富含一种黏液，它会在水中膨胀并形成一种胶状的物质。该物质能够保护皮肤不受外界的刺激，并且使皮肤更柔嫩。人们把它添加在各种眼霜中，因为它的性能温和并且能够修复长过痤疮的皮肤。车前草的水性蒸馏物也能缓解炎症和红斑。

如今，远足十分流行，徒步者有必要重新发现这种随处可见的植物的舒缓功效。

美洲的车前草

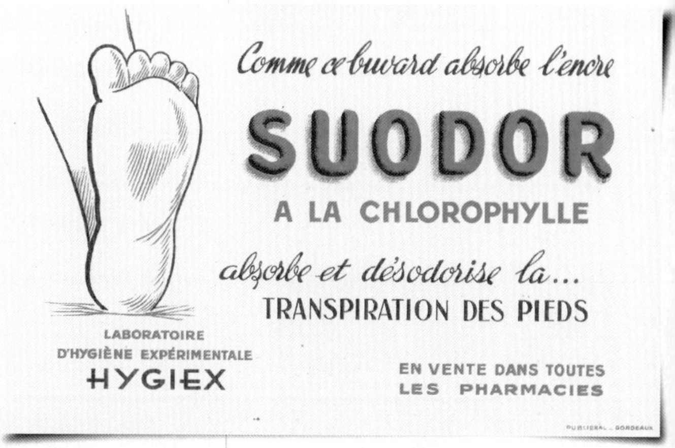

美洲原住民把车前草叫作“脚”或者“白人的脚印”。据说，它们是靠殖民者以及英法水手的鞋底偷渡到美洲的，并且在他们走过的路上生根发芽。车前草能够被随意踩踏，加上它健壮而肥厚的叶片，很快便成为繁忙道路上的殖民者。美洲的原住民很快就知道在长途旅行时使用车前草。他们把车前草叶子塞在脚底和鹿皮鞋之间，以防止炎症和长水泡。车前草也能帮助他们缓解由蚊虫叮咬而引起的疼痛和瘙痒。

Ma grand-mère le faisait

祖母配方

取2把干的或新鲜的迷迭香，放入1升水中，过滤。加入洗澡水中用来放松。

迷迭香

Rosmarinus officinalis–唇形科

让人年轻的树枝

美容功效：收敛，净化，抗氧化；使头发更强韧
适应证：混合性皮肤、易长痤疮的皮肤、成熟性或缺乏活力的皮肤，有问题的头皮（发炎、出油、头屑等）
使用部分：开花的树枝

{植物学知识}

多年生半灌木。• 常绿，树枝柔韧，叶片为成对的互生叶，线形，狭窄，呈针状，叶片上侧为深绿色，下侧发灰，带有茸毛。• 花为淡蓝色、粉色或白色，长在叶腋处，5—9月开花。

减价的乳香，却是真的药品

迷迭香在拉丁语里的意思是“大海的露水”，不过另一种说法认为，它指的是“马利亚的玫瑰”。我就把选择哪种说法的权利留给读者吧。野生迷迭香生长在地中海盆地，而意大利、希腊、西班牙和葡萄牙都大量栽种迷迭香。古罗马人用迷迭香、香桃木以及月桂来编制花冠。在古代，人们会在葬礼时和在祭神的祭坛上焚烧迷迭香，以代替从南阿拉伯半岛进口的昂贵的乳香。那时，迷迭香被认为是神圣的，能够给死者带来永远的安宁。

从迪奥斯科里德斯到查理大帝的时代，在所有的图书馆和所有修道院的花园里都有迷迭香的身影，人们认为它能解毒，治疗痛风、内脏疾病、虚弱，治愈坏心情，抵御动物的攻击，以及能保护面包和书籍。

具有神奇功效的迷迭香

根据基督教的一个传说，圣母玛利亚在逃离埃及时，她的蓝色外套掠过了一丛迷迭香。那丛迷迭香本来有着白色花朵，自那天起，它的花朵变成了天蓝色，并且会在耶稣受难日开放。

匈牙利王后水，令人返老还童之水

阿拉伯人带来了先进的蒸馏技术，欧洲得以制作出第一个酊剂的配方。它以浸泡过酒精的迷迭香花为原料。人们把这个技术归功于一位生活在14世纪的匈牙利王后——波兰国王瓦迪斯瓦夫一世（Wladyslaw Ⅰ Lokietek）

的女儿伊丽莎白，她于1319年嫁给了匈牙利国王。据说，她在1370年从一位天使（另说是一位隐修士，这个版本没那么让人向往）那里获得了配方。“匈牙利王后水”最早被用作香水或者内服药，用来治疗心悸、风湿和各种其他疾病，后来它获得了返老还童之水的美誉，据说这位匈牙利王后在72岁之时，在患有痛风并瘫痪之际，靠这款水重新获得了健康、青春和美貌，甚至有一位波兰的年轻王子向她求婚。

夏尔·佩罗见证了“匈牙利王后水”的风靡：王子正是用它唤醒了睡美人。

广告掺和了进来

这款万灵药因为一个江湖骗子的宣传，在路易十四时期十分受欢迎，此人在宫廷散发一本书，极长的书名里提到“各种让夫人们保持美貌的秘密”。广告十分成功！赛维涅夫人（法国17世纪著名的书信作家。——译注）为之疯狂，并告诉她的女儿格林楠夫人：“它真是不可思议……我每天都因之陶醉：我把它放在兜里。就像烟草一样，它让人疯狂：一旦习惯它之后，就再也离不开了。”曼特侬夫人（路易十四的情妇，后与之秘密结婚，在圣西朗开设了面向贵族女孩的寄宿学校。——译注）将它推荐给了圣西朗的女寄宿生们。

统治结束

数个世纪以来的美誉——保持美貌，美白肌肤，战胜风湿和头屑，预防脱发，治疗皮肤疾病——最终因其久远的历史本身而逐渐逝去。人们在这款提神的水中加入了薄荷、薰衣草、香柠檬和墨角兰，却让它失去了自己原本的精神。

拿破仑最终迷恋上了古龙水，它里面也含有迷迭香。他的这一喜好使古龙水后来走到了时尚舞台的前沿，取代了“匈牙利王后水”。

— Comme tout embellit, quand j'étais toute petite, au lieu de cette allée magnifique, c'était un tout petit sentier.

“匈牙利王后水”也有治疗头屑和预防脱发的美誉。

Ma grand-mère le faisait

祖母配方

用500克的玫瑰花瓣（可能的话用百叶蔷薇）泡在1升水中，浸泡3天，过滤后装入有色玻璃杯中，放在冰箱中保存。这样，我们便得到适用于敏感皮肤的玫瑰水。

蔷薇属植物

Rosa sp.– 蔷薇科

对美貌的赞歌

美容功效：净化，增加皮肤活力，收敛，使皮肤紧致，保湿
适应证：可以温和地清洗成熟、没有活力、油性的皮肤，酒糟鼻，抗皱，减轻妊娠纹
使用部分：花

{ 植物学知识 }

有刺的灌木，部分品种是攀缘植物，可达2米高。• 落叶木，叶片为深绿色，根据不同的品种，叶片光滑或者带茸毛。• 单瓣花，有5片花瓣（部分品种为重瓣花），组成花束，气味香甜而醉人。• 果实为浆果。

第一乐段：极具吸引力的玫瑰

蔷薇属植物已经存在三千五百万年了。在波斯和中国作为药用植物也有五千年的历史。它曾出现在巴比伦的空中花园里，后来的古希腊征服者把它种植在靠近开罗的法尤姆绿洲上，在那里用它制作阿塔尔（*attar*）精油。这是一种玫瑰花瓣制成的精油，人们往往在里面添加紫朱草或红花来上色。它可以作为香水的原料或是做成药物，以治疗失眠、偏头痛、恶心、牙龈炎和痔疮等。

古埃及人不懂得蒸馏法，他们通过热脂吸法获得精油。这种技术即将玫瑰花瓣浸泡在动物脂肪或橄榄油或红花油里，把它们放在罐子中，暴露在阳光下加热。油脂中便逐渐充满了精油。直至今日，格拉斯地区仍旧使用脂吸法。制香工人把最为娇气的几种花（茉莉、紫罗兰、晚香玉等）铺在板上并以动物脂肪覆盖。他们用新鲜花瓣重复操作，直到脂肪饱和，然后从中提取出宝贵的精油。古希腊人与古罗马人也种植蔷薇科植物，把它们制成香水或做药用，并且用它们来象征美神，也就是希腊神话里的阿芙洛狄忒和罗马神话里的维纳斯。

过渡乐节：蒸馏法

11 世纪时，波斯医生兼哲学家伊本 · 西那（阿维森纳）继续了他的前任们关于蒸馏法的研究，通过用水蒸气驱动的方法完善了蒸馏技术。他制成了第一款纯精油：玫瑰精油。

蒸馏后得到的水，即玫瑰的水性蒸馏物，也被称作“玫瑰水”（不过这不是我们的祖母自制的那种玫瑰水），也在当地流行。十字军在圣地发现了令人愉悦的芳香浴和能够清洁皮肤的玫瑰水，在返回欧洲时把它们介绍给了西方世界。在地中海盆地，玫瑰水的贸易获得了极大成功。以玫瑰为名，各种与美容和香水有关的职业及产品创新在法国蓬勃发展。以下便是一些与蔷薇属植物有关的骑士的故事。

第二乐段：普罗万玫瑰或名药剂师玫瑰

法国蔷薇（*Rosa gallica officinalis*）

法国蔷薇（法国玫瑰）的植株中等大小，形态竖直，叶片略微粗糙，其花朵为粉红或紫红色，干燥后可保持其最佳形态。在鲜花开放前人们采摘其花蕾，除去叶片和萼片，然后“迅速地将花瓣干燥处理……在鲜花开放前摘下的花蕾，颜色更深，并且药用价值更高”（节选自 J.B.G. 巴比埃的《药物学基本论述》，1837 年）。

法国玫瑰是个很古老的品种，古希腊和古罗马时期就已经开始种植了，它们可能也因此被引入了高卢地区。不过，人们认为是香槟伯爵蒂博四世（Thibaut Ⅳ），在跟随十字军东征后，于 1240 年左右将它带到了法国，并在普罗万镇展开种植。当时普罗万镇有很多集市，欧洲各地的产品都聚集于此。它的“普罗万玫瑰膏”（Conserve de roses de Provins）尤其闻名，以干玫瑰花磨成的粉、玫瑰水和糖为原料制成。这款药膏富含鞣酸和花色素苷，可以

根据古罗马的一个传说，玫瑰花本来是白色的，因为丘比特把葡萄酒打翻在上面而使它变成了红色。

作为滋补品或者治疗各种疾病的药物：消化问题、腹泻、咽痛、皮肤病等等。从16世纪开始，丰特奈欧罗斯镇也种植起了法国玫瑰，当地生产商和凡尔赛的香水商建立了紧密联系，并且成为巴黎高等法院的唯一玫瑰供应商。

采摘玫瑰娇嫩的花瓣需要在早晨进行，在它们的香气散去之前。

第三乐段：大马士革玫瑰，制香业使用最多的玫瑰

突厥蔷薇（大马士革玫瑰，*Rosa damascena* Mill.）

大马士革玫瑰存在两个变种，它们都来自自然杂交：第一种是夏大马士革，它由法国蔷薇和腓尼基蔷薇（*Rosa phoenicea*）杂交而来；第二种是秋大马士革，它是法国蔷薇和麝香蔷薇（*Rosa moschata*）杂交的产物。大马士革玫瑰为多刺灌木，可长至2米高，叶片为深绿色，带有茸毛，花朵大，重瓣，排列成束，味道香甜醉人，它在1254年由骑士罗贝尔·德·布里（Robert de Brie）从大马士革带回法国。

用于制作精油的玫瑰，需要人们在清晨露珠还没有蒸发之前就采摘。人们必须立刻对它们进行处理，以最大限度地保留它们的丰富物质。大马士革玫瑰含有近300种化学物质：鞣酸、花色素苷、香叶醇（牻牛儿醇）、橙花醇、香茅醇等。产出量十分低，为获得 1 升玫瑰精油，需要 1 公顷左右玫瑰花田产出的花瓣，也就是 3.5—4.5 吨玫瑰花。而与之相比，要得到 1 升玫瑰花水蒸馏纯露，则只需要 1000 克花瓣。

一个漫长的流程开始了，最终制造出美人们耳后的一滴滴香露。

第四乐段：五月玫瑰

百叶蔷薇（百叶玫瑰，*Rosa centifolia* L.）是一种带刺的攀缘灌木，它在五、六月开花，花朵非常重，使得它的枝头经常在开花季节弯下。叶片为嫩绿色，花朵为鲜艳的粉色，有着黄色的雄蕊，花瓣数量很多（它的名字“百叶”就是这么来的），散发出甜美的香味。香奈儿五号香水就用到了这种玫瑰。

这种杂交玫瑰于 17 世纪末在荷兰被培育出来，那时所有弗拉芒地区达官显贵家里挂的画上都有它们的身影。它在 19 世纪末到 20 世纪初，使格拉斯和荷兰声名远扬，如今则在摩洛哥大量种植。人们也用百叶玫瑰提炼精油，但是主要将它做成玫瑰水，用于制作美容品。

第五乐段：麝香玫瑰

锈红蔷薇（*Rosa rubiginosa*）产自拉丁美洲的南部沿海到安第斯山脉的边缘。根据玫瑰研究专家，它们是由欧洲殖民者带到南美洲，并在那里野生驯化的。它们的灌木经常被用作栅栏来阻隔偷食苗木的动物。人们栽种锈红蔷薇主要是为了其果实，把它用到美容业中。

在高约 1.5 米的锈红蔷薇木上，能够采摘高达 50 公斤的蔷薇果。蔷薇果干燥后，果皮能用来为茶饮增添香味。通过冷榨能从种子中提取一种初榨植物油（不是精油）：麝香玫瑰油。它含有极高浓度的脂肪酸欧米伽 3 和欧米伽 6，常被添加到抗皱的美容品中，能有效去除黑眼圈和舒缓疲劳的肌肤。它也是强效的愈合剂，能够深入改善疤痕，提亮肤色和预防棕色斑纹的出现。

蔷薇果浸渍油

玫瑰果或者蔷薇果是犬蔷薇（*Rosa canina*）和人工栽培蔷薇的果实，富含维生素 C。它在植物油中浸泡后得到的浸渍油的特性与麝香玫瑰油非常接近。

Ma grand-mère le faisait

祖母配方

将一大把肥皂草泡入热的椴树汤剂中，温柔地清洗干燥和易断的头发。再用大量的水清洗。

肥皂草

Saponaria officinalis–石竹科

娇气纤维的去污剂

美容功效: 清洁，收敛
适应证: 清洁娇气的东西，清洁发炎或受损的皮肤
使用部分: 整个植株

{植物学知识}

多年生草本植物，茎结实，可长至40—60厘米高。
- 椭圆形对生叶，嫩绿色。
- 单瓣花或重瓣花，有5片花瓣，白色或浅粉色，有香味，6—10月开花。
- 果实为蒴果，9月底结果，内含圆形的棕黑色小种子。

泡沫的历史

高卢人和日耳曼人发明了用草木灰和羊脂做成的肥皂，在拉丁语中写作*sapo*。肥皂草也具备同样的功能，它的叶片、茎，尤其是白色的根状茎能在水中产生泡沫，因此得名肥皂草（saponaire）。它也别名 savonnaire，herbe à savon（皆译为“肥皂草”。——译注），或“沟中肥皂”（savon du fossé）。在使用时，人们把它的根状茎和叶片泡入水中，然后用这个水来洗衣物。中世纪时，它深受洗衣妇和呢绒商的喜爱，尤其因为它能够去除羊毛中的粗脂，也能清洗贵重、娇气的织物——比起用碱制作的肥皂，肥皂草要温和得多。乡下人会把肥皂草的根茎清洁、干燥后磨成粉，用它来洗手。

运作原理

肥皂草的王牌不只是它的泡沫。在希波克拉底的时代，人们就已经知道不少它的药用价值了。但是，长期内服的话，肥皂草是有毒性的，因为它所含有的皂苷会溶解细胞。因此它主要被用于治疗皮肤病。古罗马人把肥皂草

肥皂草的所有部分，尤其是根状茎，都富含皂苷，它能够产生泡沫。

肥皂草能清洁身体和精神，送给别人一株肥皂草，就是告诉他，该好好照顾自己了。

放在浴水中来缓解皮肤瘙痒。中世纪时，麻风病医院用它来清理麻风病人的伤口。它能稀释油脂，因此能够对抗硬水导致的皮肤干燥。至于美容业领域，因为它能在清洗细软易断的头发的同时，缓解过度的皮脂分泌，所以被加以利用。如今，肥皂草的根被广泛用于制作牙膏、肥皂和洗衣粉。肥皂草根茎的浸液在加入了碳酸氢钠后，能够产生丰富的泡沫。

洗发水的历史

1759 年，在布莱顿的海滨浴场，英国的有钱人纷纷前往萨克·迪恩·穆罕默德（Sake Dean Mahomed）的洗浴中心洗头和按摩头皮。这位出生在巴特那的孟加拉人跟随一位英国军官来到英国，在他的洗浴中心提供“穆罕默德印度蒸汽浴”。他使用了一种以黄兰（*Michellia champaca*，木兰科）和其他植物为原料的乳液。从 1762 年开始，人们把这种产品叫作香波（*shampoo*），它派生自印地语 *chāmpo*，意为“涂抹油并按摩”，而这个印地语单词本身又来自梵语 *chāmpnā*，指的正是黄兰花，一种生长在热带的木兰。根据传统，印度女性用从黄兰花中提取的油来让头发有光泽并带有香气。萨克·迪恩·穆罕默德的服务让英国国王乔治四世十分满意，便给了他外科洗发师的头衔。不过，真正开始生产并销售洗发水的是一位名叫凯西·赫伯特（Kasey Herbert）的伦敦人，人们也往往认为他才是洗发水的发明者。合成洗发水很可能是在 20 世纪 30 年代由欧莱雅品牌的创始人欧仁·舒莱尔（Eugène Schueller）发明的。他创立的多帕尔（Dopal）品牌后来改名为多普（Dop），是面向大众的第一款洗发水。

Ma grand-mère le faisait

祖母配方

磨碎并搅拌 10 颗红葡萄籽，加入 2 大勺燕麦粉，将它膏敷在脸上，停留 15 分钟后洗掉。

葡萄树

Vitis vinifera– 葡萄科

充满益处的宝藏

美容功效：抗氧化，收敛，使皮肤紧致
适应证：适用于所有类型的皮肤，抗衰老，使松弛的皮肤恢复活力和紧致
使用部分：果实、种子、树枝

{植物学知识}

攀缘灌木，落叶木，可长得非常长。• 叶片有五个主要裂片，为亮绿色。• 极小的绿色花组成花束，6—8 月开花。• 果实为浆果，自然状态下为紫色或黑色，栽培的品种可以有黄绿色、红色、紫色或黑色的果实。

从野生葡萄树到美容葡萄酒

我们对葡萄园的关注来源于我们对优质葡萄酒越来越浓厚的兴趣，这使我们几乎忘记了葡萄种植是最古老的人类活动之一。古希腊和古埃及人把葡萄树作为一种观赏植物。在公元前 600 年，弗凯亚人教会了高卢人如何嫁接野生葡萄树。不过，种植葡萄树不光是为了酿造葡萄酒。公元 1 世纪时，普林尼在介绍野生葡萄树时说道："葡萄的叶片厚且发白，……它结出一串串红色的果实，妇女们为了提亮肤色和掩盖斑纹，会在脸上涂擦葡萄汁。" 17 世纪太阳王路易十四的宫廷接纳了这个建议，一些贵族将葡萄酒陈酿涂在脸上来改善气色。

抗氧化物的浓缩汁

确实，葡萄树对皮肤有诸多好处，并且美容业充分利用了这个宝藏。"葡萄疗法"蓬勃发展，不光在香水商的橱窗里，在特殊的美容机构和温泉疗养院都能看到它的身影。从叶片到葡萄籽，从葡萄汁到葡萄榨渣，整个葡萄树都充满了抗氧化物，它们能帮助人们对抗细胞的衰老，

词汇的问题

raisin（葡萄）这个单词于 1200 年出现在法语中，最早被写作 résin。它来自通俗拉丁语中的 *racimus* 一词，意指"成串的浆果"。葡萄的属名 *Vitis* 来自拉丁语 *viere*，意为"连接"，指的是葡萄攀爬其他物体时所依赖的卷须。

葡萄的各个部分都有益处，适用于各种类型的皮肤。

可以根据使用者的意愿，用于盆浴、按摩、身体护理或者面部护理。黑葡萄比白葡萄含有更多的维生素、矿物质和其他有效成分。葡萄的深色来自于花色素苷，它能保护毛细血管，促进血液循环；这种深色也来自具有收敛作用的鞣酸，它具有抗氧化的作用。葡萄籽油是另一种极好的东西，它富含欧米伽 6 脂肪酸和维生素 E，具有促进新生和重塑的功效，并且它比较稀薄，质地怡人，适合涂抹各种皮肤。这还没完呢！葡萄树有极强的对抗极端天气的能力，不管是刮风、寒冷还是干旱，因此它的寿命能超过一百年。20 世纪 90 年代的研究关注到另一种多酚——白藜芦醇，它应该是葡萄长寿的秘诀，也许能解释“法国悖论”（该流行语最早出现在 20 世纪 80 年代，描述一种似乎矛盾的现象，即法国人饮食中的饱和脂肪相对较高，而冠状动脉性心脏病的发病率却相对偏低。——译注）。白藜芦醇也能够强化表皮，促进其合成胶原蛋白。

以葡萄泪结束

富含欧米伽 6 脂肪酸，充满了各种多酚（鞣酸、花色素苷、白藜芦醇），这一切已经很美好了。但是还缺少一个优美的故事：葡萄泪。玛丽－安托万王后曾使用的一种滋润液——“魅力水”（Eau des charmes），便采用了葡萄泪。葡萄泪是葡萄嫩枝分泌的一种汁液，人们会在 5 月葡萄汁液分泌旺盛期剪掉嫩枝的末梢，然后把小瓶子绑在植株上，一滴滴地搜集。（得有耐心！）

过去，年轻姑娘在葡萄园里采集葡萄泪来涂抹面部，以提亮肤色和淡化雀斑。葡萄泪里面的有效成分最近被分离出来，并被申请了专利。

大地之血（人们常用此表达法指称葡萄酒。——译注）和葡萄之泪，女士们，为了你们的美貌，怎样的苦难都值得！

用夏日花朵做成的冬日浓汤

天冷了，给脸穿上羽绒服吧：用这款透着美妙芳香的油质浓汤保护、滋润您的皮肤，让它重新焕发活力吧。这种愉快的体验可以尽可能多地重复。

原料：

- 50 毫升甜杏仁油或者葡萄籽油
- 1 把干花，含德国洋甘菊花瓣、玫瑰花瓣和锦葵花瓣
- 15 滴德国洋甘菊精油
- 7 滴维生素 E

配制方法：

把干花放在甜杏仁油里浸泡 10 天。

过滤后加入德国洋甘菊精油和维生素 E。轻轻摇晃，使各种原料混合后就可以使用了。

使用方法：

每晚卸妆后涂抹在脸上并轻轻按摩。

荷荷巴和蜡菊所制的永生剂

受够了有着黑眼圈和挂着眼袋的眼睛了：这款去黑眼圈的永生剂便是您的有机王牌。

原料：

- 3 小勺荷荷巴油
- 3 滴意大利蜡菊（Helichrysum italicum）精油

配制方法：

把蜡菊精油加入荷荷巴油中，用玻璃小棍轻柔地混合，或者通过把瓶子颠倒数次来混合。

使用方法：

用指尖，最好是更加轻柔的无名指和小指，直接抹在黑眼圈上，轻轻地按摩，以达到引流和促进微循环的效果。但是要避免接触太靠近眼睛的地方。

滋润而美味的磨砂膏

您的皮肤值得保持柔软和细嫩。最好的便是时不时地为它做一次磨砂了，而且它还能缓缓地滋润皮肤。

原料：

- 4 大勺椰子油
- 2 大小椰子肉
- 3 大勺乳木果脂
- 10 滴玫瑰精油
- 10 滴天然维生素 E
- 10 滴葡萄柚籽提取物

配制方法：

用杵捣烂椰子油和乳木果脂，直到获得一种光滑的混合液。加入椰子肉，并充分混合，然后加入玫瑰精油、葡萄柚籽提取物和维生素 E，后两者是作为防腐剂使用的。把混合物倒入罐子中，放进冰箱保存。

使用方法：

洗澡时使用，每周 1—2 次。把混合物涂抹在皮肤上，并以打圈的方式按摩 30 秒后洗掉。

用两种花来舒缓脱毛后的灼烧感

脱毛会疼，还会刺激皮肤。用几种天然物质来缓和疼痛的感觉吧，并且还能滋润皮肤。

原料：

- 2 大勺荷荷巴油
- 60 克洋甘菊
- 50 毫升橄榄油
- 3 大勺洋甘菊油质浸泡液
- 20 滴薰衣草精油

配制方法：

把洋甘菊在橄榄油中泡 10 天，得到一种油质浸泡液。过滤。取 3

大勺浸泡液，加入 2 大勺荷荷巴油以稀释，然后加入薰衣草精油，充分混合。

使用方法：

把这种混合液涂抹在敏感区域，再进行按摩。

治疗坑坑包包皮肤的种子

坑坑包包的皮肤可不好看。经常使用这款美容品可以让皮肤光滑，增加弹性。

原料：

- 40 毫升葡萄籽油
- 40 毫升费拉芦荟胶（天然芦荟肉）
- 25 滴苦橙精油

配制方法：

用打蛋器把费拉芦荟胶和葡萄籽油充分搅拌，直到获得一种质地均匀的物质。加入苦橙精油，再用打蛋器搅 10 次左右以混合均匀。

使用方法：

每天涂抹在相应部位并按摩。

橄榄油、杏子、小麦和美丽的双手

您的双手也值得您的关注和护理。号称把双手浸泡在加入了橄榄油的洗洁精中就能护理的时代已经结束。这款则是百分之百的天然油。

原料：

用于制作磨砂膏：

- 1 大勺橄榄油
- 1 小勺有机蔗糖

用于制作护理油：

- 杏核油
- 麦芽油

使用方法：

先说磨砂膏。把橄榄油和蔗糖混合，抹在手上。摩擦 30 秒，用温水冲洗，以溶解剩余的蔗糖。

然后滋润双手。混合一大勺杏核油和一大勺麦芽油，通过按摩使油吸收。

双脚的幸福

人们都知道，把袜子放回橱柜时，都能闻到一点味道。给它们（以及您的亲朋）带去一点植物的清香和一点绿色吧，还能促进血液循环。

原料：

- 3 大勺迷迭香水蒸馏纯露
- 3 大勺金缕梅水蒸馏纯露
- 8 滴葡萄柚籽提取物

制作和使用方法：

把所有原料混合后放入喷雾器中。每天早晚对着双脚喷雾。放在冰箱中保存。

远足者的香膏

10 公里的步行既伤鞋子也伤脚。这个质地怡人的香膏应该被放进所有的背包里，然后再涂在脚上。

原料：

- 4 大勺杏核油
- 3 大勺可可脂
- 2 大勺蜂蜡
- 8 滴迷迭香精油
- 10 滴葡萄柚籽提取物

配制方法：

用隔水加温的方式融化可可脂和蜂蜡，并不停地搅拌。

加入甜杏仁油，并用打蛋器搅拌。

待混合物温热后加入迷迭香精油和葡萄柚籽提取物，再用打蛋器搅拌，并马上（不要待其冷却）倒入大口的罐子中。

使用方法：

等混合物变成固体后，取榛子大小的一块，涂在洗净的脚上，温和地按摩。

最好的头发护理

洗发水可以让头发干净，但是也会让头发干燥。所以时不时地用一下这个传统的滋润发膜吧，它适用于干燥和受损的头发。

原料：

- 1 大勺鳄梨油或摩洛哥坚果油
- 1 大勺麦芽油

配制方法：

把这两种油混合，停留一段时间。

使用方法：

涂在干的头发上，保持 30 分钟后再洗头。

当头发纷纷逃离

某些时候，头发纷纷掉落，让我们非常担忧。这款油可以增强头皮的韧性，使头发更稳固。

原料：

- 3 大勺橄榄油
- 1 大勺蓖麻油
- 4 大勺绿色黏土
- 3 大勺迷迭香水蒸馏纯露

配制方法：

混合所有原料。

使用方法：

涂抹在头发上，最好用一个刷子，让发膜停留 1 小时后洗头。

像塔希提少女一样美丽

这款保湿香膏对干燥的皮肤非常有效，比如说隆冬季节又冷又干的时候。而且它能带来遥远海岛的气息。

原料：

- 3 大勺乳木果脂
- 3 大勺莫诺依香精
- 1 大勺蜂蜡
- 1 大勺摩洛哥坚果油

配制方法：

用隔水加温的方法融化乳木果脂和蜂蜡。加入莫诺依香精，用打蛋器搅拌，再加入摩洛哥坚果油。再次搅拌让乳膏质地均匀。在乳膏冷却过程中不停地搅拌。

使用方法：

涂抹香膏后按摩以加速吸收。

洋甘菊：可不光是一种汤剂

要想得到威尼斯式的金发，试试这个洋甘菊做的亮发水吧。

原料：

- 150 克洋甘菊花
- 1 大勺柠檬汁
- 500 毫升水

配制方法：

把洋甘菊放在水中煮 15 分钟。加入柠檬汁。过滤。

使用方法：

在使用洗发露之后冲洗干净，然后涂上洋甘菊水，但不要冲洗。让头发自然干燥（不要使用吹风机），最好在阳光下干燥以加强效果。

美味的唇膏

别不相信，我们确实推荐用可可脂来滋润嘴唇。

原料：

- 1 小勺可可脂
- 1 小勺蜂蜡
- 1 大勺杏核油
- 1 小勺麦芽油

配制方法：

用隔水加温的方法在碗中融化所有的原料，并不停地搅拌。趁热将液体倒入一个大口的容器中，盖上盖子。

使用方法：

每天可多次使用，您的嘴唇会喜欢的，味蕾也是……

您知道您有美丽的胸脯！

要想有坚挺的胸脯，雏菊自然是明星了。一些补水的成分让这个具有春天气息的配方更加完美。

原料：

- 1 小勺蜂蜡
- 3 大勺乳木果脂
- 1 大勺鳄梨油
- 5 大勺雏菊油（雏菊油质浸泡液）
- 10 滴维生素 E
- 5 滴葡萄柚籽提取物（作为防腐剂使用）

配制方法：

用隔水加温的方法在碗中融化蜂蜡、乳木果脂和鳄梨油。把碗从水中取出，继续搅拌，直到混合物变成奶油状。加入雏菊油、维生素 E 和葡萄柚籽提取物。

使用方法：

早晚用这款香膏按摩胸部。

脸部磨砂燕麦粥

原料：

- 1 大勺燕麦片
- 1 大勺鲜奶油
- 1 大勺鳄梨油

配制方法：

混合燕麦片、鳄梨油（按照这个顺序）然后是鲜奶油。快速停止搅拌，避免让燕麦片太软。

使用方法：

快速地涂在脸部和脖颈，并轻柔地按摩。用温水洗净。

敏感肌肤适用的卸妆乳

这种卸妆乳的质地会让人联想到婴儿皮肤护理的一款著名产品。我们给出的是纯天然的版本，可以放心大量使用，需要放在冰箱里储存。

原料：

- 4 大勺鲜奶油
- 1 大勺月见草油
- 1 大勺金缕梅水蒸馏纯露
- 12 滴葡萄柚籽提取物（作为防腐剂使用）

配制方法：

把所有原料混合，有力地搅拌以使奶油变稀。

使用方法：

早晚使用，以打圈的方式按摩。

为男士们准备的产品

不要忘记了男士们。他们也可以使用上述的配方。这款带有男士香水味的须后乳可以缓和剃须后的烧灼感。

原料：

- 2 大勺薰衣草水性蒸馏物
- 2 大勺芦荟胶
- 5 滴葡萄柚籽提取物（作为防腐剂使用）

配制方法：

把所有原料混合后放入瓶子中。

使用方法：

使用前摇一摇瓶子，取榛子大小的乳液，涂抹在脸颊和脖颈处，并轻柔地按摩。

作者简介

尚塔尔·德尔芬（Chantal Delphin），1961年出生在法国伊泽尔省的布尔关雅略镇（Bourgoin-Jallieu）。她曾从事约三十年的助产士工作，一直都热爱着她的职业及其与人相处的维度。二十年来，她喜欢历史，因为它可以帮助人更好地理解现在。同样，也是为了领会她身边的环境，尚塔尔对植物学充满了兴趣，她通过自己的花园、多菲内省的森林和旅行来学习。

埃里克·吉东（Éric Gitton）出生于1960年，他在法国下诺曼底省的卡昂市（Caen）度过了童年和少年时期。从很小开始他就对技术、机械、化学、电力充满了兴趣，在家里修修补补，做各种实验，同时他也喜欢艺术和绘画，甚至考虑过从事艺术行业的工作。他对手工和实验的喜爱让他最终成为工艺美术领域的工程师，这个职业很好地总结了他的爱好。也正因为想创造出美的东西，他致力于在自己的房子边修建一个美丽的花园，从而发现了自己对植物的兴趣。在遇到尚塔尔后，他们发现了对植物学和自然的共同爱好。

对人文科学、技术、科学的热爱、分享的愿望和对独特计划的喜爱交会在一起，从而诞生了他们最早的几部作品，关于历史中的人与植物的故事的作品。

图书在版编目（CIP）数据

美容植物：历史逸事 /（法）尚塔尔 · 德尔芬，（法）埃里克 · 吉东著；丁若汀译. —北京：生活 · 读书 · 新知三联书店，2022.4
（植物文化史）
ISBN 978 – 7 – 108 – 07276 – 4

Ⅰ. ①美…　Ⅱ. ①尚… ②埃… ③丁…　Ⅲ. ①植物 – 普及读物
Ⅳ. ① Q94-49

中国版本图书馆 CIP 数据核字（2021）第 193843 号

特邀编辑　张艳华
责任编辑　徐国强
责任校对　陈　明
装帧设计　刘　洋
责任印制　卢　岳
出版发行　生活 · 讀書 · 新知　三联书店
（北京市东城区美术馆东街 22 号　100010）
网　　址　www.sdxjpc.com
图　　字　01-2017-6126
经　　销　新华书店
印　　刷　天津图文方嘉印刷有限公司
版　　次　2022 年 4 月北京第 1 版
2022 年 4 月北京第 1 次印刷
开　　本　710 毫米 × 1000 毫米　1/16　印张 11
字　　数　100 千字　图 241 幅
印　　数　0,001 – 7,000 册
定　　价　78.00 元
（印装查询：01064002715；邮购查询：01084010542）

二十种能让人变美的配方

（也适用于男性）

开始之前

遵守注意事项非常重要，以避免出现问题。

首先要仔细地洗手。

清洗厨房台板，并用 70 度的酒精消毒。将需要使用的工具在水中煮 10 分钟来灭菌。用同样的方法为将要用到的瓶瓶罐罐灭菌。

需要的工具：

- 一个小型的食物搅拌机
- 一个锅和一个用于隔水加温的派热克斯玻璃碗（耐热玻璃碗）
- 一个大勺（汤勺）
- 一个小勺（咖啡勺）
- 不透明的瓶和罐

原料：

- 按照配方的指示购买原料，最好是不含添加剂和防腐剂的有机产品。一般能在有机食品商店和许多购物网站上买到。
- 美容品往往需要大量的水：使用泉水或者软化水，而不是自来水。

使用精油的注意事项：

制作美容品时，我们不使用纯精油。精油不是水溶性的（不能溶解于水），因此我们把它们混合在油脂性物质里，可以是植物油、以水油为主要成分的乳剂、凝胶等等。在制作面部美容品时，一款产品的精油总含量不应超过 1%，身体美容品的精油含量应在 2%—4% 之间。对于敏感性皮肤而言，面部产品的精油含量最好不要超过 0.5%。

在使用美容制品之前，必须进行测试。可以在肘弯处涂抹少量产品，并保持 24 小时，以便观察皮肤的反应。

注意，在任何情况下，精油不能涂在眼睛、耳朵、鼻子里，也不能涂在有黏膜的部位。眼霜里千万不要放精油。

柑橘类的精油对光线很敏感，它们会增加晒伤和烧伤的风险。在使用了含柑橘类精油的产品后，最好 12 小时内不要暴露在阳光下。

在孕期和哺乳期不要使用精油，除非有医嘱。

注意，有些精油可能与部分药品不能同时使用（例如，在进行抗血液凝固的治疗时，不要使用胶蔷树）。

现在就开始吧！

我们从简单的配方开始。这本小册子里的所有配方都很简单。您很快便能学会基本的操作，便能发现自己做美容品、根据自己的需求和想法使它们个性化，以及掌握配方的成分，是一件多么令人愉快的事情。

警告：

这本小册子里提到的配方的特性、适应证和使用方法都是信息性的。这些内容在任何情况下都不是医学信息，作者不对此负任何责任。为了治疗目的使用精油则请咨询医生。

改善气色的鲜花水

今晚气色不好？是时候使用一种温和清淡又补水的卸妆水了，之后再用收敛水收缩毛孔，重获清爽的感觉。这个配方适合所有类型的皮肤。

原料：

- 2 大勺荷荷巴油（jojoba）
- 2 大勺玫瑰花水

使用方法：

首先，用棉片蘸取荷荷巴油涂抹在脸上，注意涂均匀。您也可以用其他植物油，比如甜杏仁油、亚麻荠油，这样可以利用不同的有效成分。

然后，用玫瑰花水作为收敛水来擦脸。

甜杏仁清洁酸奶

花几分钟时间让肌肤重生的方法很简单：一周一次的清洁和补水面膜。这个配方适合所有类型的皮肤。

原料：

- 1 罐原味酸奶
- 1 大勺甜杏仁油
- 3 大勺白色黏土，它们有净化和舒缓的功效
- 8 滴玫瑰精油

配制方法：

把所有原料混合并猛烈搅拌，直到获得一种黏稠的混合物。需要放在冰箱里保存，但不要超过 48 小时。

使用方法：

在脸上涂抹这种混合物，保持 15 分钟后用温水洗净。

月见草和胶蔷树抗皱鸡尾酒

有效对抗皱纹和细纹的真正的鸡尾酒，它可以合算地代替梳妆台里的高档面霜。

原料：

- 7 大勺月见草油
- 2 大勺荷荷巴油
- 1 大勺摩洛哥坚果油
- 8 滴胶蔷树精油
- 6 滴天然维生素 E（维生素 E 扮演的是防腐剂的角色，它可以让您的鸡尾酒在避光情况下保存数月）

配制方法：

混合所有植物油，加入胶蔷树精油和维生素 E。倒入一个小瓶子中，盖上盖子，像做鸡尾酒一样晃动。

使用方法：

早晚使用，用手指尖轻轻按摩额头、眼角和脖颈。